Über das Wasserschloß bei Hochdruckspeicheranlagen

Unter besonderer Berücksichtigung des Kammerwasserschlosses mit Überfall

Habilitationsschrift

der Bauingenieurabteilung

der Technischen Hochschule München

vorgelegt von

Dr.-Ing. **Otto Streck**

Springer-Verlag Berlin Heidelberg GmbH

1929

Lebenslauf.

Geboren am 29. März 1889 zu Brebach bei Saarbrücken als Sohn des Zivilingenieurs Josef Streck und dessen Ehefrau Maria, geb. Gleißner, besuchte ich — nachdem meine Eltern im Jahre 1891 wieder nach München übersiedelt waren — die Volks- und Realschule daselbst und nach deren Absolvierung im Jahre 1906 die damals neu errichtete Oberrealschule, deren Schlußprüfung ich mich im Sommer 1909 unterzog. Meiner ausgesprochenen Neigung für den bautechnischen Beruf folgend, trat ich im Herbst 1909 nach mehrwöchiger handwerksmäßiger Betätigung auf einer Baustelle der Firma Gebr. Rank, München, in die Bauunternehmung Ackermann & Co., München, als Praktikant ein.

Der Mangel an theoretischen fachtechnischen Kenntnissen, den ich bei meiner damaligen Betätigung im Büro und auf dem Bauplatze als dauerndes Hemmnis empfand, führte mich zu dem Entschlusse, mich im Wintersemester 1910/11 als ordentlicher Studierender der Bauingenieurabteilung der Technischen Hochschule immatrikulieren zu lassen. Die Diplomhauptprüfung legte ich im Sommer 1914 daselbst ab und trat dann in den Dienst der Bauunternehmung L. Moll, München, ein, die mich bei den umfangreichen Neubauten für die Wehr-, Schleusen- und Hafenanlagen bei Aschaffenburg beschäftigte.

Im Mai 1915 rückte ich zum Waffendienst ein, der mich im Juli 1915 an die Westfront führte. Ab Oktober 1916 war ich wieder bei der Bauunternehmung L. Moll, München, tätig, und zwar bis April 1918 auf Baustellen als Bauleiter, von da ab im Hauptbüro in München.

Seit 1. Januar 1920 bin ich als Assistent für die Wasserbaudisziplin unter seiner Magnifizenz Herrn Oberbaudirektor o. Professor Dr.-Ing. e. h. Dantscher der Technischen Hochschule München tätig. Hier promovierte ich auch im Juli 1922 mit der Dissertation: „Das Energiewirtschaftsproblem in Bayern" mit dem Prädikat: „Mit Auszeichnung bestanden". Die Schrift ist im Jahre 1923 bei Julius Springer, Berlin, in Druck erschienen. Im Jahre 1924 brachte ich in dem gleichen Verlag ein Buch „Aufgaben aus dem Wasserbau" heraus. Im Verlaufe meiner Tätigkeit als Assistent war es mir vergönnt, an einer großen Zahl von bemerkenswerten Ingenieurbauwerken des Hoch- und Tiefbaus mitzuarbeiten, sowie mich literarisch weiterhin zu betätigen.

Inhaltsverzeichnis.

Das Wasserschloß bei Hochdruckspeicheranlagen

Unter besonderer Berücksichtigung des
Kammerwasserschlosses mit Überfall

Von

Dr.-Ing. Otto Streck

Mit 36 Textabbildungen
und 7 Tafeln

Springer-Verlag Berlin Heidelberg GmbH

1929

ISBN 978-3-662-38827-3   ISBN 978-3-662-39745-9 (eBook)
DOI 10.1007/978-3-662-39745-9

Vorwort.

Der großzügige Ausbau von Hochdruckwasserkraftanlagen in den letzten Jahrzehnten brachte auch einen Fortschritt in der Ausbildung des für die Druckleitung notwendigen Regulierorgans, das in den meisten Fällen als sogenanntes „Wasserschloß‘‘ ausgebildet wird. Von der ursprünglichen Form der zylindrischen Schächte ist man auf kompliziertere Sparformen gekommen, um die Kosten für diese meist bergmännisch herzustellenden Bauwerke zu ermäßigen. Besonders ausgiebig sind diese Sparmaßnahmen da, wo es sich um große Wassermengen und um verhältnismäßig geringe Unterteilung der Gesamtleistung in Maschineneinheiten handelt. Mit dieser Entwicklung des Wasserschlosses nach der konstruktiven Seite hin hielt die Weiterbildung der Berechnungsmethoden zur raschen und zuverlässigen Dimensionierung der notwendigen Rauminhalte für die Ausgleichung der Schwingungsvorgänge Schritt. Besonders wertvolle Arbeit hat hier Frederik Vogt geleistet.

Die vorliegende Arbeit versucht — neben der kurzen Charakterisierung der einzelnen Wasserschloßtypen — dem entwerfenden Ingenieur das notwendige Formelmaterial in übersichtlicher und für praktische Bedürfnisse ausreichender Form an Hand zu geben, wobei das Wasserschloß mit oberer und unterer Kammer und Sparüberfall in der oberen Kammer besondere Berücksichtigung fand.

Für den letzteren Fall wurden die Untersuchungen insofern weitergeführt, als für eine größere Zahl von Beispielen durch numerische Integration der Schwingungsgleichungen der Schwingungsverlauf bis zur 2. Schwingung nach oben festgestellt wurde, um ein Bild zu gewinnen, ob nicht etwa die 2. Schwingung nach oben wegen der bis zu diesem Zeitpunkt noch nicht ganz geleerten oberen Kammer größer wird als die 1. Schwingung.

Die Rechnungen zeigen, daß dies nicht der Fall ist, so daß die von Vogt aufgestellten empirischen Formeln, welche aus der 1. Schwingung nach oben abgeleitet sind, jeweils der Dimensionierung zugrunde gelegt werden können.

Ferner wurde an Hand von Zahlenbeispielen der Einfluß der Lage der Kammer bzw. der Überlaufschwelle zur Ruhelage auf den Kammerinhalt untersucht und im Diagramm dargestellt.

Bei den notwendigen umfangreichen numerischen Berechnungen unterstützten mich neben einer Reihe von Studierenden der Bauingenieurabteilung der Technischen Hochschule München insbesondere Herr Diplomingenieur Hölzlhammer, bei Auftragung der Zeichnungen Herr Rothauscher und bei der Drucklegung Herr Diplomingenieur Treitl. Es ist mir eine angenehme Pflicht, ihnen auch hier für die Unterstützung meinen besten Dank zu sagen, ebenso der Verlagsbuchhandlung Julius Springer für die Bereitwilligkeit, die vorliegende Arbeit im Druck herauszubringen, und für die Sorgfalt bei der Drucklegung.

München, im September 1929.

Streck.

Inhaltsverzeichnis.

Einleitung.

Bei modernen Wasserkraftanlagen mit Fernleitung des Triebwassers kann man im wesentlichen zwei Arten der Ausbildung der Triebwasserleitung unterscheiden. In dem einen Falle wird das Triebwasser in einem Gerinne mit freier Wasseroberfläche, also drucklos vom Zubringer weggeführt. Das geschieht vor allem in jenen Fällen, bei denen der Wasserspiegel an der Entnahmestelle nur innerhalb enger Grenzen schwankt, die bedingt sind durch das Stauziel und den höchsten Hochwasserspiegel an jener Stelle (als Abhängige der Regulierfähigkeit der Wehranlage). Die Wasserkraftanlagen zur Verwertung der bayerischen Flüsse zeigen beispielsweise diesen Typ.

Auch speicherfähige Wasserkraftwerke, soweit sie keine ausgesprochenen Spitzenwerke sind, können in bestimmten Fällen mit dieser drucklosen und daher billigeren Triebwasserleitung ausgerüstet sein, vor allem dann, wenn das Speicherbecken nicht infolge seiner großen Wassertiefe, sondern infolge seiner großen Oberfläche als Reservoir wirksam ist (Speicher der mittleren Isar, Projekt eines Chiemseespeichers). Kommen bei derlei Anlagen gleichwohl Triebwasserleitungsstrecken vor, welche unter Druck durchflossen werden, so handelt es sich meist um gewöhnliche Dücker. Die Ausgleichung der Schwankungen der verarbeiteten Werkwassermengen, welche die momentanen Belastungsänderungen hervorrufen, erfolgt bei den vorskizzierten Anlagen entweder im offenen Werkkanal selbst oder in einem Becken (Wasserschloß), das unmittelbar oberhalb des Krafthauses durch Erweiterung und Vertiefung des Oberwasserkanals geschaffen wird. Die genannten Schwankungen machen sich in demselben durch nach oben laufende Schwall- und Sunkwellen bemerkbar. Als Entlastungsventil für die über den jeweiligen Bedarf hinausgehenden Zuflußwassermengen dient dabei das Übereich und der Leerschuß. Dieses Wasser ist für die Verwertung im zugehörigen Krafthaus verloren (Kennzeichen eines Laufwerks)! Momentane Spitzenbelastungen sind bei solchen Anlagen nur innerhalb jener engen Grenzen möglich, welche die unschädlich abschluckbaren Wasservorräte des Wasserschlosses und des Oberkanals bestimmen.

Grundverschieden von dieser Art Triebwasserleitung ist jene eines ausgesprochenen Spitzenwerks. Letzteres läßt sich dahin kennzeichnen, daß es in der Lage ist, den innerhalb der Ausbaugröße vorkommenden Bedarfsansprüchen — unabhängig von der Größe des Zuflusses zur Wasserfassung — so gut wie momentan zu entsprechen.

Zur Erfüllung dieser Ansprüche sind zwei Bedingungen zu erfüllen: einmal ist der Kraftanlage ein genügend großes Speicherbecken vorzuschalten, welches die über den Zufluß hinausgehende Menge an Verbrauchswasser liefert. Außerdem ist eine Triebwasserleitung notwendig, welche auf eine Belastungsänderung so gut wie momentan anspricht, d. i. ein **Druckstollen** (oder **Druckleitung**). Eine solche unter Druck durchflossene Leitung unterscheidet sich von den weiter oben behandelten drucklosen Triebwasserleitungen insofern, als bei letzteren die Leistungsfähigkeit an das bei der Ausführung ein für allemal festgelegte Längsgefälle gebunden ist, wogegen beim Druckstollen eine Änderung in der Förderungsmenge durch Ausnützung des Überdrucks über den im Stollen bewegten Wassermassen außerordentlich rasch erreicht wird. Das Rinngefälle des Druckstollens ist für seine hydraulische Wirkungsweise an und für sich ohne Belang, wenn nur die beiden Stollenenden jeweils unter den dort im Betrieb vorkommenden tiefsten Wasserständen liegen. Aus Sicherheitsgründen wird man natürlich Saugstrecken vermeiden und deshalb den Stollen im Vertikalschnitt so anordnen, daß seine sämtlichen Scheitelpunkte unter der tiefsten im Betrieb vorkommenden Piezometerlinie liegen (theoretisch ungünstigster Fall: plötzlicher Start sämtlicher Turbineneinheiten von Null auf Vollast!). Im übrigen wird das Rinngefälle des Druckstollens lediglich durch Zweckmäßigkeitsgründe für die praktische Ausführung bestimmt.

Wenn die Länge der unter Druck durchflossenen Triebwasserleitung klein bleibt, läßt sich dieselbe ohne Zwischenschaltung eines besonderen Druckregulierorgans unmittelbar zu den Turbinen führen, z. B. bei einer Talsperrenanlage, deren konzentriertes Gefälle gleich unterhalb der Sperre zur Ausnützung kommt.

Wird dagegen die Druckleitung lang, so entstehen Schwierigkeiten für die Turbinenregelung. Diese ergeben sich aus dem Trägheitswiderstand der in der Druckleitung bewegten Wassermassen, indem diese eine rasche Veränderung des Wasserverbrauchs der Turbinen nicht im gleichen Tempo mitmachen. Zur Behebung dieser Schwierigkeit wird in die Druckleitung ein Regulierorgan eingeschaltet, das auf jede Änderung in der Turbinenbelastung unmittelbar anspricht und die Anpassung der von oben kommenden Wassermenge an die geänderte Schluckwassermenge der Turbinen beschleunigt herbeiführt (Wiederherstellung des Beharrungszustandes). Diesem Regulierorgan hat man den Namen „**Wasserschloß**" gegeben, ein Name, der mit Rücksicht auf die vorbezeichnete Hauptfunktion dieses Organs nicht gerade glücklich gewählt ist[1].

---

[1] Denn die im Wasserschloß oder neben demselben in der Schieberkammer häufig angeordneten **Verschlußorgane** sind keine conditio sine qua non für das Wasserschloß. Die Verschlußorgane können ebensogut unmittelbar oberhalb der Turbinen angebracht sein, z. B. bei einer im Berg liegenden Sturzleitung (Druckschacht!).

Durch die Einschaltung des Wasserschlosses ergibt sich ganz natürlich eine Zweiteilung der gesamten Druckleitung[1].

In den meisten Fällen wird diese Teilung so durchgeführt, daß die oberhalb des Wasserschlosses gelegene Triebwasserleitungsstrecke mit relativ kleinem Gefälle ausgestattet wird, um den maximalen inneren Überdruck tunlichst klein zu halten und damit an Baukosten zu sparen. Am häufigsten besteht dieser Teil aus einem Stollen, selten aus einer an der Geländeoberfläche verlegten Druckleitung aus Eisen oder Eisenbeton oder Holz. Da es hydraulisch gleichgültig ist, ob ein Druckstollen oder eine Druckleitung vorliegt, sei im folgenden der zwischen Wasserfassung und Wasserschloß gelegene Teil der Druckleitung der Einfachheit halber als Druckstollen bezeichnet.

Der zwischen Wasserschloß und Krafthaus gelegene zweite Teil der Triebwasserleitung wird gewöhnlich so angeordnet, daß er das Hauptgefälle der Anlage erfaßt und in starkem Gefälle zum Krafthaus herabführt. Er hat deshalb manchmal den Namen Sturzleitung oder, weil er in den meisten Fällen mit eisernen Röhren ausgeführt wird, auch den Namen Druckrohrleitung. Diese Bezeichnung wird auch im folgenden beibehalten, wobei es hinsichtlich der hydraulischen Wirkungsweise wiederum gleichgültig ist, ob die „Druckrohrleitung" tatsächlich mit offen verlegten eisernen Rohren oder aber als ein im Berg abgeteufter Schacht (Druckschacht) ausgeführt wird.

Die Wirkungsweise des Wasserschlosses.

Es wurde bereits darauf hingewiesen, daß das Wasserschloß die Aufgabe hat, einen Ausgleich zu bilden zwischen dem schnell veränderlichen Wasserverbrauch der Turbinen und der langsamer vonstatten gehenden Geschwindigkeitsänderung der bewegten Wassermassen im Druckstollen. Es bildet — wenn das Bild gebraucht werden darf — gewissermaßen eine zeitliche Übersetzung zwischen dem fast momentan veränderlichen Wasserverbrauch der Turbinen und der im gleichen Augenblick im Druckstollen unterwegs befindlichen sekundlichen Wassermenge, welche der Beaufschlagungswassermenge des vorhergegangenen Belastungszustandes entspricht.

---

[1] Bei sehr kleinen Betriebswassermengen kann es in besonderen Fällen genügen, als Druckregulierorgan statt eines Wasserschlosses lediglich ein Standrohr anzuordnen, das unmittelbar oberhalb der Turbinen in die Druckleitung eingeschaltet wird. In anderem Falle, wo z. B. Geländeverhältnisse die Errichtung eines hinreichend großen Normalwasserschlosses am Stollenende (Druckrohranfang) unmöglich machen, statt dessen nur die Erbauung eines Pufferschachtes gestatten, kommt man zur Anordnung eines Zwischenwasserschlosses, das gegen die Wasserfassung zu verschoben ist und auch noch den Stollen unterteilt (Kraftwerk der Gemeinde Reutte am Plansee).

Solange die durch den Stollen fließende Wassermenge gleich ist jener, welche durch die Druckrohrleitung den Turbinen und durch diese dem Unterwasserkanal zufließt, herrscht B e h a r r u n g s z u s t a n d. Der Wasserspiegel im Wasserschloß liegt dabei um die Höhe des Druckverlustes, der zwischen Wasserfassung und Wasserschloß auftritt, tiefer als der Stauseespiegel an der Wasserfassung. In dieser Lage verharrt er, solange sich im Fließvorgang nichts ändert, d. h. solange die dem Wasserzufluß entsprechende Turbinenbelastung unverändert bleibt.

Dieser Beharrungszustand kann nun auf zweierlei Weise gestört werden:

a) durch momentanes Anwachsen der Belastung;

b) durch momentanes Zurückgehen der Belastung.

Auf steigende Belastung reagieren die Turbinenregler durch Öffnen der Leitschaufeln bzw. der Düsen, wodurch das Schluckvermögen und damit der Wasserverbrauch der Turbinen erhöht wird. Die Wasserbewegung in der Druckrohrleitung spricht auf diese Änderung dank des starken Gefälles dieses Anlagenteiles (Gewichtswirkung des Wassers) auf die ganze Länge so gut wie unmittelbar mit Erhöhung der Fließgeschwindigkeit an. Mit anderen Worten: Mit dem Augenblick der Belastungserhöhung fließt durch die Druckrohrleitung vom Wasserschloß mehr Wasser weg, als ihm durch den Stollen von oben während des vorhergegangenen Beharrungszustandes zugeflossen ist.

Da sich in diesem Augenblick weder an der Spiegelkote der Wasserfassung noch an jener im Wasserschloß etwas geändert hat, bestehen für den Fließvorgang im Stollen die Gleichgewichtsbedingungen des Beharrungszustandes noch unverändert fort, d. h. es fördert der Stollen zunächst noch die gleiche Wassermenge, wie vor Störung des Beharrungszustandes. Der durch die Belastungserhöhung bedingte Mehrverbrauch der Turbinen wird deshalb automatisch den im Wasserschloß anstehenden Wassermengen entnommen. Damit sinkt aber allmählich der Wasserspiegel und mit dessen Fallen bildet sich ein über den Druckhöhenverlust hinausgehendes zusätzliches Druckgefälle von der Wasserfassung zum Schloß heraus. Es wirkt sich in einer Beschleunigung der im Stollen bewegten Wassermassen aus.

Je weiter nun der Wasserspiegel sinkt, um so größer wird die beschleunigende Wirkung. Um so mehr steigert sich damit die Wasserzufuhr von der Wasserfassungseite her. Es hinkt aber die Steigerung der Geschwindigkeit im Stollen der Zunahme an Druckgefälle infolge der Trägheit der Massen nach. Infolgedessen bedarf es eines größeren Absinkens des Wasserschloßspiegels, als dem für den neuen Wasserbedarf notwendigen Druckgefälle entspricht. Es schwingt mit anderen Worten der Wasserschloßspiegel unter die neue Ruhelage, welche der neuen

Belastung entspricht, herunter, wodurch Schwingungen verursacht werden um den neuen Beharrungsspiegel im Wasserschloß (vgl. Abb. 1b). Letzterer ergibt sich aus dem Druckhöhenverlust von der Wasserfassung bis zum Wasserschloß bei der neuen vergrößerten Förderwassermenge im Stollen, die im neuen Beharrungszustand dann gleich ist jener, welche die Turbinen seit der Belastungserhöhung schlucken.

Aus den vorstehenden Betrachtungen erkennt man zunächst, daß die Schwingungsausschläge bei sonst gleichen Verhältnissen um so größer werden müssen, je größer die im Stollen bewegte Wassermasse, je größer der Unterschied zwischen der Anfangs- und der Endbelastung und je kürzer das Zeitintervall ist, innerhalb dessen die Belastungsänderung erfolgt. Außerdem erkennt man, daß die Aufgabe des Wasserschlosses, nämlich möglichst rasch den neuen Beharrungszustand herbeizuführen, um so besser erfüllt ist, je rascher der Wasserschloßspiegel bei einer momentanen Belastungszunahme abgesenkt wird, weil dann der beschleunigend wirkende Überdruck sehr rasch in volle Aktion tritt. In den nachfolgenden Abschnitten wird noch gezeigt werden, zu welchen konstruktiven Maßnahmen diese Tatsache führt.

Anders liegt der Fall, wenn die Belastung im Werk momentan zurückgeht. Es soll wieder das Studium der Vorgänge unten bei den Kraftmaschinen einsetzen. Das den Turbinen in der Druckrohrleitung zufließende Wasser besitzt Bewegungsenergie. Verkleinern die Turbinenregler nun in Auswirkung der Belastungsminderung die Durchflußöffnung im Leitrad bzw. die Austrittsöffnung der Düse und damit die Beaufschlagungswassermenge, so kann ein Teil des von oben kommenden Wassers nicht mehr wegfließen, und es muß sich nach dem Grundsatz von der Erhaltung der Energie die lebendige Kraft des zu viel herabkommenden Wassers in eine andere Energieform umsetzen. Praktisch wird dieses Arbeitsvermögen aufgezehrt durch eine Erhöhung des hydraulischen Druckes auf die Wandung der Druckrohrleitung, oder anders ausgedrückt: Die Arbeitsfähigkeit der völlig unelastisch vorausgesetzten Wassersäule wird dazu aufgebraucht, die Rohrwandungen elastisch auszudehnen (Wasserschlag)[1].

---

[1] Bezeichnet p kg/cm² den spezif. Wasserdruck auf die Rohrwandung im Beharrungszustand, p' kg/cm² die Drucksteigerung infolge momentaner Entlastung, dann ist der größte spez. Gesamtdruck

$$p_g = p + p' \text{ kg/cm}^2 .$$

p' ergibt sich wie folgt:

Die Drucksteigerung $H' = \dfrac{3}{2} \cdot \dfrac{L}{g} \cdot \dfrac{Q}{T}$, wenn $L =$ Länge der Druckrohrleitung in m; $Q =$ m³/sec im Beharrungszustand, $T =$ Schlußzeit der Turbinen in sec. Da diese Drucksteigerung H' in m Wassersäule gemessen ist, ergibt sich die Drucksteigerung pro Flächeneinheit zu $h' = \dfrac{H'}{F}$ m/m² Wassersäule, wobei $F =$ Rohr-

Soweit die Auswirkung der Belastungsminderung auf die Druckrohrleitung. Was geht nun im Wasserschloß vor?

Zu Beginn unserer Betrachtung herrscht in der ganzen Triebwasserzuleitung Beharrungszustand, d. h. es kommt von der Wasserfassung durch den Stollen in der Zeiteinheit so viel Wasser ans Wasserschloß heran, als aus diesem in der gleichen Zeiteinheit in die Druckrohrleitung und durch die Turbinen ins Unterwasser abfließt. Der Spiegel im Wasserschloß steht dabei um den Druckhöhenverlust, der sich zwischen Wasserfassung und Wasserschloß ergibt, tiefer als der Stauseespiegel. Entsprechend der momentanen Belastungsminderung verkleinert sich die vom Wasserschloß in die Druckrohrleitung abfließende Wassermenge ebenso momentan. Für den Druckstollen sind in diesem Augenblick die Gleichgewichtsverhältnisse gegenüber dem bisherigen Beharrungszustand noch unverändert, weil sich zunächst an der Lage des Wasserschloßspiegels noch nichts geändert hat und deshalb das Druckgefälle vom Stausee zum Wasserschloß unverändert fortbesteht. Es fließt also von der Wasserfassung her nach wie vor die dem vorausgegangenen Beharrungszustand entsprechende Wassermenge in das Wasserschloß, es ist mit anderen Worten der Zufluß zum Wasserschloß größer als der Abfluß aus demselben. Der Überschuß bleibt im Schloß und hebt allmählich dessen Spiegel. Hierdurch erst erfährt der Beharrungszustand im Druckstollen eine Störung, weil das Druckgefälle vom See zum Schloß mit dem Steigen des Schloßwasserspiegels abnimmt; die Wasserbewegung im Druckstollen wird allmählich abgebremst. Je höher der Spiegel im Schloß steigt, um so stärker ist diese Abbremsung. Da aber die Verzögerung der Fließbewegung im Stollen infolge der Trägheit der Massen dem Steigen des Wasserschloßspiegels nachhinkt, muß letzterer weiter steigen, als dem neuen Beharrungszustand, welcher sich aus der neuen kleineren Maschinenbelastung ergibt, entspricht. Es treten also auch hier Schwingungen um den neuen Beharrungsspiegel im Schloß auf (vgl. Abb. 1 a).

Man erkennt wiederum, daß die Schwingungsausschläge bei sonst gleichen Verhältnissen um so größer werden, je größer die bewegte Wassermasse (langer Stollen), je kräftiger die Belastungsminderung ist und je plötzlicher dieselbe eintritt. Man erkennt weiterhin, daß die aus-

---

querschnitt in m² an der beobachteten Stelle, also

$$p' = \frac{h'}{10} \ \text{kg/cm}^2 \, .$$

Somit Rohrbeanspruchung

$$K_{pg} = \frac{p_g \cdot d}{2 \cdot s} \ \text{kg/cm}^2 \, .$$

Dabei d = Rohrdurchmesser in cm; s = Wandstärke in cm.
(K_{pg} zulässig $\sim$ 700 bis 800 kg/cm².)

gleichende Wirkung des Wasserschlosses um so rascher und intensiver eintritt, je rascher der Wasserschloßspiegel bei der Belastungsminderung in die Höhe gebracht wird, weil dadurch der abbremsende Gegendruck

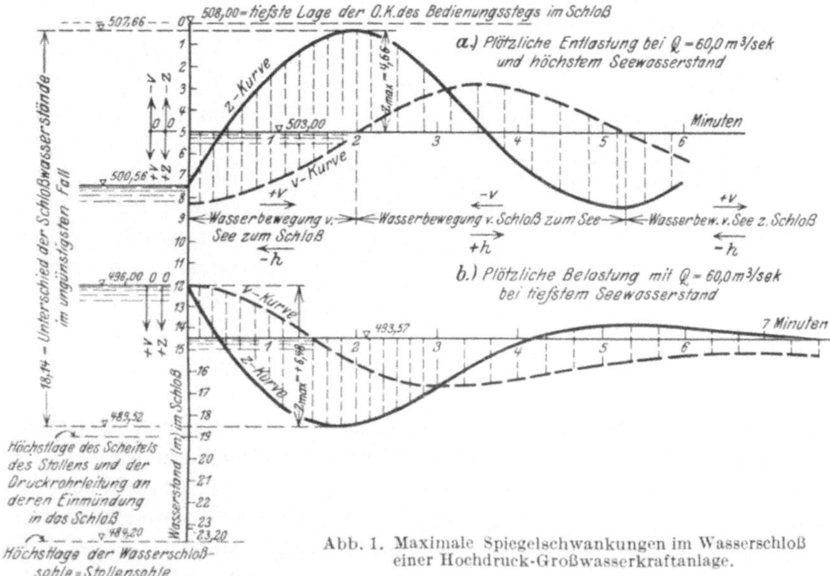

Abb. 1. Maximale Spiegelschwankungen im Wasserschloß einer Hochdruck-Großwasserkraftanlage.

außerordentlich rasch in voller Größe zur Wirksamkeit gelangt. Die Auswertung dieser Tatsache in konstruktiver Hinsicht wird im nächsten Abschnitt gezeigt.

Die Wasserschloßformen.

Die stets wechselnden Verhältnisse hinsichtlich der wasserwirtschaftlichen Bedürfnisse und für die konstruktive Ausgestaltung von Wasserkraftanlagen haben natürlich auch bei den Wasserschlössern zu den mannigfaltigsten Formen und Kombinationen geführt. Dies gilt auch für den engeren Kreis der hier zu behandelnden „Druckstollenwasserschlösser". Bei genauerem Zusehen lassen sich aber aus der Vielgestaltigkeit der letzteren drei Grundformen erkennen:

a) das Schachtwasserschloß;
b) das Kammerwasserschloß;
c) das Wasserschloß mit Dämpfungswiderstand.

a) Das Schachtwasserschloß. Der ursprüngliche Wasserschloßtyp war das Standrohr oder bei größeren Anlagen (größere Betriebswassermengen) der Schacht, dessen Horizontalquerschnitte in allen Höhen gleich bleiben. In den nachfolgenden Betrachtungen wird dieser Typ als „Schachtwasserschloß" bezeichnet.

Dieser Typ erfordert gewöhnlich den größten Raumbedarf und führt daher meist auch zu der in der Ausführung teuersten Form. Seine Wirkungsweise ist schwerfällig und primitiv bei verhältnismäßig großem Schachtquerschnitt, außerordentlich unruhig bei relativ kleinem Schachtquerschnitt, seine hydraulisch rechnerische Erfassung dagegen noch relativ am einfachsten.

Wenn die Schwingungsamplituden bei momentanem Abstoppen des Wasserabflusses aus dem Wasserschloß sehr hoch reichen und deshalb für die Ausführung unbequem hohe Schächte bedingen, reduziert man diese häufig, indem man entweder lediglich den horizontalen Wasserschloßquerschnitt vergrößert, oder, hydraulisch wirksamer und wirtschaftlicher, indem man die über das zulässige Maß hinausgehenden Schwingungsausschläge durch Anordnung eines Überfalls abschneidet. Läßt man dabei das über die Wehrkrone gehende Wasser ungenutzt in einem Nebengerinne ablaufen, dann sei dieser Wasserschloßtyp als

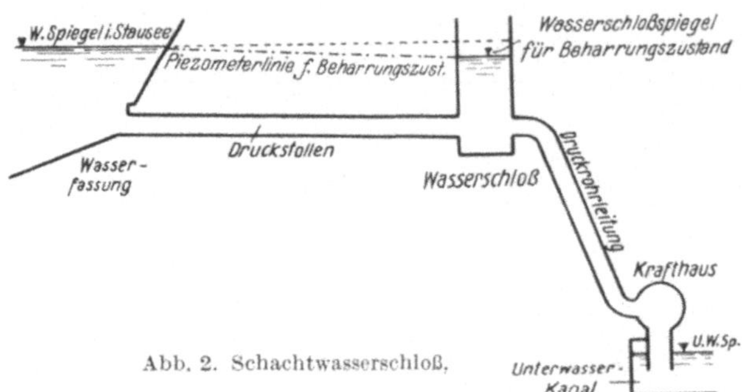

Abb. 2. Schachtwasserschloß.

„Schachtwasserschloß mit Überfall" bezeichnet. Man kann leicht übersehen, daß die Anordnung des Übereichs bereits abdämpfend auf die Wasserschloßschwingungen für den momentanen Turbinen-

Tabelle 1. Ausführungsbeispiele für gewöhnliche Schachtwasserschlösser.

Anlage	Druck-stollen-länge m	Druck-stollen-fläche m²	Maxim. Be-triebs-wasser-menge m³/sec	Nutz-gefälle m	Wasserschloß Horizon-talaus-maß m	Höhe m	Bemer-kung
Leitzachwerk der Stadtgemeinde München .	1508 betoniert	7,8	19,5	107—125	$D = 14,0$ (i. M.)	20	Wasserschloß, verbunden mit dem Wasserschloß der Kraftstufen Lassing
Wienerbruck ⎱ Nieder-österreich	2236 betoniert	2,0	3,3	156—169	$D = 8,0$	22	
Erlaufboden ⎰ reich	3470 betoniert	2,5	6,6	79	$D = 10,0$	17	
Forstseewerk (Kärnten)	525 (Eisen ge-nietet)	1,15	1,65 Vollausbau 5,0	165	$D = 3,0$	38	

abschluß wirken muß, weil für die Beschleunigung der im Stollen befindlichen Wassermassen bei der Umkehr der Fließrichtung (vom Schloß zur Wasserfassung!) im allgemeinen nur noch ein kleiner Überdruck vorhanden ist.

Wenn die Überfallkrone zufällig auf der gleichen Kote liegt wie der Schachtwasserspiegel nach Wiederherstellung des Beharrungszustandes,

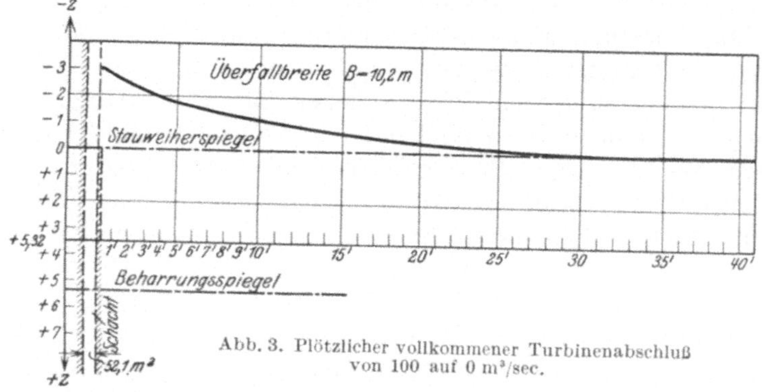

Abb. 3. Plötzlicher vollkommener Turbinenabschluß von 100 auf 0 m³/sec.

dann geht der Schachtwasserspiegel nach Erreichung der Höchstlage ohne weitere Schwingungen auf die neue Ruhelage zurück (vgl. Abb. 3). Praktisch geht man mit der Kote der Überfallkrone nicht unter den vorkommenden höchsten Stauweiherspiegel (= Wasserfassungsspiegel) herunter, weil bei tiefer Lage der Übereichkrone im Falle sehr kleiner Werksbelastung dauernd Wasser über die Entlastungsvorrichtung

Tabelle 2. Ausführungsbeispiele für Schachtwasserschlösser mit Überfällen.

Anlage	Druckstollenlänge m	Druckstollenfläche m²	Maxim. Betriebswassermenge m³/sec	Nutzgefälle m	Wasserschloß		Bemerkung
					Horizontalausmaß m	Höhe m	
Walchensee	1200 betoniert	18,1	60	195	26,5 × 17,6	24,5	Überlauf in eine vorhand. Runse
Saalachkraftwerk bei Reichenhall .	576 betoniert	14,0	40	17,8 bis 18,5	21,15 × 21,0 (mit 41 m lg. Nebenstollen)	6,8	Überlauf 9,2 m lang
Reschbachkraftwerk (Freyung)	3100 (Eisenrohrltg.)	1,23	1,5	98,0	$D = 3,5$ (Standrohr)	15,25	Überlauf zu einem Ablaufrohr und von da in eine Schußrinne
Strubklamm (Salzburg)	2434 betoniert	3,3	9,3	105,0	2 Schächte 6 × 14,6 und 3 × 32,3	13	Entlastungsschacht mit Überlaufstollen

ungenützt wegfließen würde[1]. Die nach unten gehende maximale Schwingungsamplitude bei momentaner Belastungszunahme wird natürlich von einem Entlastungsüberfall nicht beeinflußt.

b) Das Kammerwasserschloß. Wenn ein Spitzenkraftwerk mit einem Stausee in Verbindung steht, dessen Spiegel sehr starken Schwankungen unterworfen ist (z. B. sehr hohe Talsperren!), dann muß auch der Wasserschloßschacht, um allen vorkommenden Fällen zu genügen, sehr hoch ausgebildet werden. Für die Schwingungen nach oben bildet den ungünstigsten Fall ein momentaner vollkommener Turbinenabschluß bei höchstem vorkommenden Stauseespiegel, für die Schwingungen nach unten eine momentane weitgehende Belastungszunahme bei zulässig tiefstem Weiherspiegel. Da der Wasserschloßschacht unter allen Umständen für diese beiden Grenzfälle dimensioniert werden muß, ergibt sich bei starken Stauseespiegelschwankungen ein sehr großes Schachtvolumen und damit ein kostspieliges Wasserschloß bei Ausführung des ganzen Schachtes mit konstantem Horizontalquerschnitt.

Man kann nun hier an Schachtvolumen und damit an Baukosten sparen, dabei gleichzeitig die Schwingungsausschläge nach oben bzw. unten begrenzen, wenn man den für die Grenzfälle nicht in Betracht kommenden und auch hydraulisch wenig wirksamen mittleren Schachtteil in seinem Horizontalquerschnitt auf das kleinst zulässige Maß reduziert und dafür den oberen und unteren Kammerteil vergrößert. In der Folge wird diese Wasserschloßform, welche häufig auch noch den Namen „aufgelöstes Wasserschloß" führt, als „Kammerwasserschloß" bezeichnet.

Diesen Typ eingeführt zu haben, ist das Verdienst Schweizer Wasserkraftingenieure (Löntschwerk 1905). Die obere und untere Kammer dieser Anlage sind als Horizontalstollen ausgebildet, welche durch einen Steigschacht von 45° Neigung verbunden sind. Nach dem Vorbilde des Löntschwerkwasserschlosses ist inzwischen eine größere Zahl solcher Wasserschloßtypen zur Ausführung gelangt. Beim Ritomwerk (Schweiz) verließ man die Stollenform für die Kammern und bildete diese als zylindrische Erweiterungen des Vertikalverbindungsschachtes aus.

---

[1] Bei kleiner Belastung ist wegen der kleinen Werkwassermenge die Wassergeschwindigkeit im Stollen sehr klein und damit auch das Gefälle der Piezometerlinie von der Wasserfassung zum Schloß; es liegt deshalb der Wasserschloßspiegel relativ wenig tiefer als der Stauseespiegel. Befindet sich die Übereichkrone unter diesem Schloßspiegel, dann fällt dieser wegen des am Überfall weggehenden Wassers und es bildet sich ein größeres Druckgefälle zwischen See und Schloß aus, als der Belastung entspricht. Damit vergrößert sich die sekundliche Stollenwassermenge. Es bildet sich nun ein neuer Gleichgewichtszustand heraus, bei welchem das Druckgefälle zwischen See und Schloß so groß wird, daß die durch den Stollen kommende Wassermenge gleich ist der Summe aus der Werk- und der Überfallwassermenge.

Tabelle 3. Ausführungsbeispiele für Kammerwasserschlösser.

Anlage	Druck-stollenlänge m	Druck-stollen-fläche m²	Max. Be-triebswasser-menge m³/sec	Nutz-gefälle m	Wasserschloß					Bemerkungen
					Schacht		Kammer			
					Horizontal-ausmaß m	Höhe m	obere	untere		
Soyenseewerk (Inngebiet)	2170 (betoniert)	2,10	1,6	49 bis 53	$D = 2,0$	8,5	13,4 m lg. 8,0 m br. 3,0 m tief	—		Obere Kammer: offenes betoniertes Becken
Achenseewerk (Tirol)	4536 (betoniert)	5,94 bzw. 5,31	25,0	380,0	$D = 4,0$	42,15	$V = 2085$ m³ $D = 6,0$ bis 5,76 m	$V = 480$ m³ $D = 4,0$ bis 2,6 m		Obere und untere Kammer je 2 Stollen
Partenstein (Oberösterr.)	5520 (betoniert)	6,16	22,5	169,0	$D = 4,0$	43,0	überdachtes Becken	$V = 1120$ m³ $D = 5,7$ m		Max.Wasseranstieg i.Schloß 5,0 m über Wasserfassg.
Rannawerk (Oberösterr.)	3595 (betoniert)	3,32	4,5 (9,0)	182,0 (200,0)	$(V = 310$ m³$)$	—	$(V = 230$ m³$)$	$(V = 250$ m³$)$		Klammerwerte für Voll-ausbau
Spullersee-werk (Vorarlberg)	1755 (Eisenrohre im Stollen frei verlegt)	1,54	3,0 (6,0)	794,0	$D = 4,0$	55,0	3,85 m hoch 30 m lang	$D = 2,8$ bis 1,8 m $2 \times 14,0$ m lg.		Klammerwert für Voll-ausbau

Die Angaben der nachstehenden Schweizer Werke entstammen der Basler Ausstellung 1926. (Die Klammerwerte wurden vom Verfasser an Hand des „Führers durch die schweizerische Wasserwirtschaft" II. Ausgabe 1926, Bd. 1, ergänzt.)

| Anlage | Druck-stollenlänge m | Druck-stollen-fläche m² | Max. Be-triebswasser-menge m³/sec | Nutz-gefälle m | Schacht Horizontal-ausmaß m | Höhe m | obere | untere | | Bemerkungen |
| Albula | 6774 540 (teilw. armiert) | 7,387 6,711 | 16,0 (17,6) | (154,6 bis 148,85 Brutto-gef.) | $(V = 2510$ m³$)$ | — | $V = 1800$ m³ | $V = 501$ m³ | | Max. Spiegelhebung bei plötzl. Abschluß von 16,0 auf 0 m³/sec $= 15,8$ m |

Tabelle 3. Ausführungsbeispiele für Kammerwasserschlösser (Fortsetzung).

Anlage	Druck-stollenlänge	Druck-stollen-fläche	Max. Be-triebswasser-menge	Nutz-gefälle	Wasserschloß					Bemerkungen
					Schacht		Kammer			
					Horizontal-ausmaß	Höhe	obere	untere		
	m	m²	m³/sec	m	m	m				
Amsteg	4840 578 2118 (betoniert)	6,45 6,65 6,16	12,3 (30,0)	(270)	$(D = 5,0)$	(34,80)	$V = 1740\,\mathrm{m}^3$	$V = 1000\,\mathrm{m}^3$		Max. Spiegelhebung bei plötzl. Abschl. von 12,3 auf 0 m³/sec = 11,0 m
Broc	1680 (betoniert)	6,50	15,6 (20,0)	(121,5)	$(V = 1000\,\mathrm{m}^3)$	—	$V = 916\,\mathrm{m}^3$	$V = 660\,\mathrm{m}^3$		Max. Spiegelhebung bei plötzl. Abschl. von 15,6 auf 0 m³/sec = 8,8 m
Löntsch	4130 (betoniert)	4,77	8,0 (20,0)	(i. M. 341)	$(D = 2,0)$	(rd. 34)	$V = 473\,\mathrm{m}^3$ (550 m³)	$V = 475\,\mathrm{m}^3$ (450 m³)		Max. Spiegelhebung bei plötzl. Abschl. von 8,0 auf 0 m³/sec = 7,85 m. (Überfall am Ende der oberen Kammer als ausgesprochenes Sicherheitsorgan)
(Lungernsee)	400 180 (betoniert)	4,0 3,15	12,0	160 bis 175	Schräg-schacht Normalschnitt $D = 3,25$ bis 2,0	$l = 90$ m	Querschnitt rechteckig	$V = 332\,\mathrm{m}^3$ $D = 3,25$ m (kreisförm. Stollen)		
Ritom	970 (betoniert)	2,66	7,2	(808)	$(D = 5,0$ m$)$	(rd. 39 m)	$V = 517\,\mathrm{m}^3$ $(D = 10,0$ m$)$	$V = 463\,\mathrm{m}^3$ $(D = 10,0$ m$)$		Obere und untere Kammer als Erweiterung des Schachtes Max. Spiegelhebung bei plötzl. Abschl. von 7,2 auf 0 m³/sec = 5,9 m

Doch dürfte diese Variante wegen der damit verbundenen statischen Nachteile als überholt zu betrachten sein.

Ein weiterer Versuch zur Verbilligung des Wasserschlosses stellt die Benützung des Druckstollens selbst zur Ausbildung der unteren Kammer dar, indem diese als Erweiterung des Stollendaches ausgesprengt wird. Berücksichtigt man dabei die unerläßlich notwendige Sicherheit, welche man bei der Dimensionierung vorsehen muß, um Luftschlucken des Druckstollens zu vermeiden, so geht ein Gutteil der gewollten Einsparung an Sprengarbeit wieder verloren. Außerdem bedingt die Stollenerweiterung eine Verkleinerung der Fließgeschwindigkeit, welche am Beginn der Druckrohrleitung auf Kosten des Gefälles neu erzeugt werden muß. Es dürfte deshalb dieser Lösungsversuch (Vorschlag Vogt für das Norekraftwerk in Norwegen) in den meisten Fällen unzweckmäßig sein.

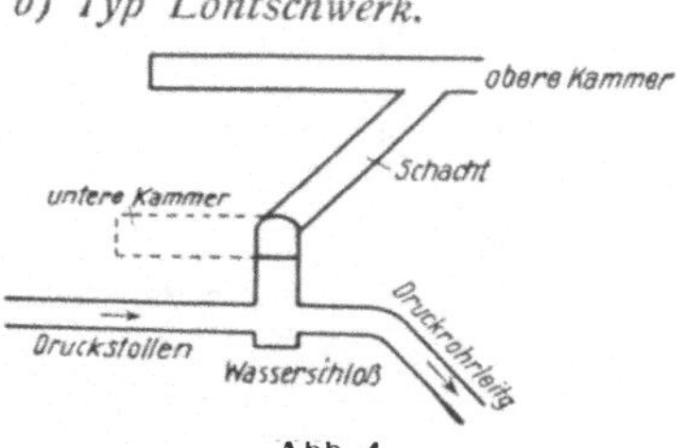

Abb. 4.

Eine Darstellung der Unterschiede der Volumina und Flächen zwischen Wasserschlössern mit zylindrischem Schacht und jenen mit oberer und unterer Kammer, welche durch einen engen Schacht verbunden sind, gab die Schweiz auf der internationalen Wasserstraßen- und Energiewirtschaftsausstellung in Basel 1926. Es wurden dort ausgeführte Kammerwasserschlösser und zylindrische Schächte bei gleichen hydraulischen Bedingungen und Wasserspiegelausschlägen verglichen. Wenn dieser zahlenmäßige Vergleich auch nur für die beiden Wasserkammern streng richtig ist, weil das Gesamtvolumen außer von diesen Kammern auch noch von der Höhe des Schachtes abhängt, die aber durch die extremen Wasserstände des Stausees, also von Faktoren bestimmt sind, die mit der Konstruktion des Wasserschlosses nichts zu tun haben, so ist er doch geeignet, ein sehr anschauliches Bild von den entsprechenden Wasserschloßvolumina dieser 2 Wasserschloßtypen zu geben (vgl. Abb. 5).

Aus den bisherigen Ausführungen erhellt, daß die Wirkungsweise des Kammerwasserschlosses um so besser sein wird, je mehr man den Horizontalquerschnitt des Verbindungsschachtes verkleinert und je stärker jedes Kammervolumen auf eine bestimmte Höhenkote konzentriert ist. Das Extrem wäre ein Schacht vom Querschnitt gleich Null und Kammern von unendlich kleiner Höhe (sogenanntes idealisiertes

Kammerwasserschloß). Bezüglich des Schachtquerschnittes ist man, wie noch gezeigt wird, an einen bestimmten Mindesthorizontalquerschnitt

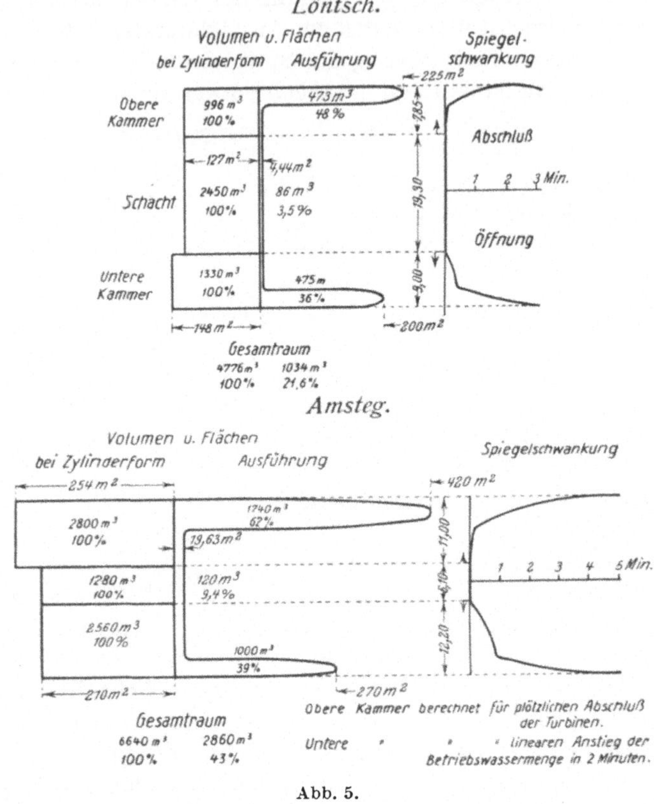

Abb. 5.

gebunden. Um das Kammerwasserschloß gleichwohl in seiner Wirkungsweise möglichst an den vorskizzierten Idealzustand heranzubringen,

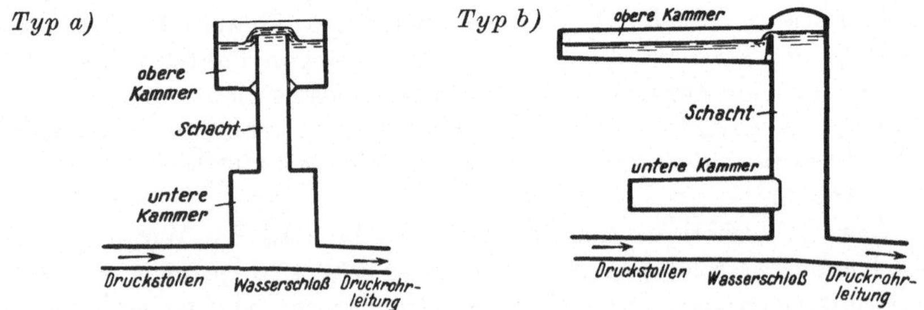

Abb. 6. Typ a) Verbesserung des Ritomtyp. Typ b) Verbesserung des Löntschtyp.

hat man die obere Kammer gegen den Schacht zu durch einen Überfall teilweise abgesperrt (vgl. Abb. 6). Dank des relativ engen Schachtes

| Anlage | Druck-stollenlänge m | Druck-stollenfläche m² | Max. Be-triebswasser-menge m³/sec | Nutz-gefälle m | Wasserschloß | | | | Bemerkungen |
| | | | | | Schacht | | Kammer | | |
					Horizontal-ausmaß m	Höhe m	obere	untere	
Teigitschkraftwerk (Steiermark) (Stufe Arnstein)	5262	4,91	16,5	235	$D = 3,01$	36,0	$D_{horiz} = 14,0$ m $V = 1300$ m³	Behälter-stollen $D_{vert} = 3,5$ m 50 m lang $V = 480$ m³	Obere Kammer offen, mit Überfall nach verbessertem Ritomtyp (Abb. 6a). Rückströmung durch Düsen. Untere Kammer als Be-hälterstollen mit düsenartiger Verengung am Ansatz (Kombi-nation zwischen Kammerwasser-schloß u. gedämpftem Wasser-schloß.
Obernachstufe des Walchenseewerks (Projekt)	3973	9,15	25,0	53,4 bis 63,3	$D = 8,0$	rd. 25,0	Horizontal-stollen: $V = 1540$ m³; Vertikal-querschnitt $= 19,3$ m² $l = 80,0$ m	2 Horizontal-stollen: $V = 420$ m³ Vertikal-querschnitt $= 10,5$ m² $l = 2 \times 20,0$ m	Überfall in der oberen Kammer: 4,0 m lang, max. Spiegelerhe-bung bei plötzl. Abschluß von 25 auf 0 m³/sec: 12,55 m, d. s. 6,60 m üb. höchstem Stauweiherspiegel. (Projektvorschlag: Ingenieur-büro Streck u. Zenns, München)
Wäggitalkraftwerk (Stufe Siebenen)	2570	10,20	33,0	(176 bis 197)	$V = 103$ m³		$V = 1287$ m³	$V = 832$ m³	Zahlenangaben der Basler Aus-stellung 1926. Klammerwerte aus dem „Führer durch die schwei-zerische Wasserwirtschaft" a. a. O.
Nore-Kraftwerk (Norwegen)	5230	40	66,0	346,5 bis 367	3 Schächte A, B u. C $A = 35$ m² horiz. Quer-schnitt, ellipt. $9,4 \times 4,75$ m $B = 11,35$ m² $D = 3,80$ m $C = 13,65$ m² $D = 4,17$ m	rd. 38,0	Horizontal-stollen $V = 3042$ m³ aufgeteilt in 2 Kammern von 2158 m³ mit Überfall-länge 5,7 m und 884 m³ mit Überfall-länge 4,6 m	$V = 185$ m³ Erweiterung des Stollen-daches um 3,25 m² auf 57 m Länge	Schacht A ohne obere Kammer, Schacht B u. C je eine obere Kammer von nebenstehenden Ausmaßen. Diese Kammern stehen untereinander nicht in Verbindung. (Nebenstehender Wasserschloßvorschlag stammt von Fredrik Vogt, Trondhjem)

steigt der Wasserspiegel in diesem sehr rasch bis zu jener Höhe an, bei welcher über den Überfall so viel Wasser in die Kammer einfällt, als durch den Schacht nach oben strömt. Es wird dabei der abbremsende Gegendruck gegenüber der gewöhnlichen Kammer sehr rasch etwa um die Höhe des Überfalls vergrößert. Die sich hieraus ergebende raschere Verzögerung des Wasserzuflusses durch den Druckstollen erlaubt eine Reduzierung des oberen Kammervolumens, weshalb dieser Wasserschloßtyp häufig den Namen „Sparwasserschloß" führt (ursprünglich österreichisches Patent Nr. 86089).

Im nachfolgenden wird dieser Typ als „Kammerwasserschloß mit Überfall" bezeichnet.

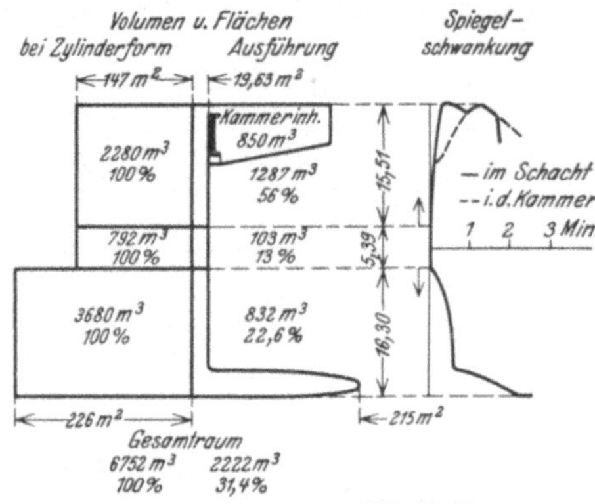

Abb. 7. Siebenen (Wäggital).

Abb. 7 gibt ein Bild der Unterschiede der Volumina und Flächen zwischen dem „Kammerwasserschloß mit Überfall" des Wäggitalkraftwerks (Siebenen) und einem ihm äquivalenten Schachtwasserschloß.

c) Das Wasserschloß mit Dämpfungswiderstand. Beim Kammerwasserschloß wird der Schloßwasserstand infolge des relativ kleinen Horizontalquerschnittes im Verbindungsschacht rasch von der Lage des ursprünglichen Beharrungszustandes an die oberste bzw. unterste Schwingungsgrenze herangeführt und durch die raschen Druckänderungen erfolgt die Verzögerung bzw. Beschleunigung des Wassers im Stollen rasch. Eine ähnliche Wirkung läßt sich auch erzielen, wenn man zwischen Stollen und Wasserschloß einen dämpfenden Widerstand einlegt. Man kommt dann auf ein „gedämpftes Wasserschloß". Wird bei einem solchen infolge Belastungszunahme Wasser aus dem Wasserschloß entnommen, so muß dieses durch den Widerstand (in Form eines Siebbleches oder einer Düse) gehen. Das führt zu einem kräftigen Druckverlust an dieser Stelle und die Wirkungsweise ist nun hinsichtlich der Wasserbewegung im Druckstollen gerade so, als wenn der Wasserspiegel im Schloß tiefer läge, als seiner wirklichen Lage entspricht. Man kann sich den Vorgang auch so vorstellen, daß der Druckverlust am Dämpfungssieb oder einer ihm äquivalenten Düse das Gefälle der Druckstollenpiezometerlinie stärker vergrößert. Das kommt aber auf eine entsprechende Vergrößerung des Überdrucks zwischen Wasserfassung und Schloß zum Ausdruck, welcher seinerseits die im Stollen bewegte Wassermasse kräftig beschleunigt.

Bei momentaner Belastungsabnahme ist die Wirkungsweise des Dämpfungswiderstandes umgekehrt. Das in das Schloß eintretende Überschußwasser muß durch den Widerstand. Dies ist bei dem stark verengten Eintrittsquerschnitt nur möglich, wenn ein entsprechend großer Druck nachhilft. Es ergibt sich also eine kräftige Drucksteigerung im Stollen am Wasserschloßwiderstand, das Gefälle der Piezometerlinie zwischen Wasserfassung und Schloß wird dadurch entsprechend vermindert, also auch der von der Wasserfassung her wirkende Überdruck. Damit erfährt auch die Wasserbewegung im Druckstollen eine kräftige Verzögerung.

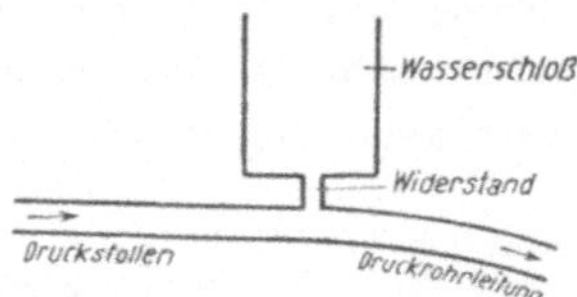

Abb. 8. Schematische Darstellung eines gedämpften Wasserschlosses mit unveränderlichem Horizontalquerschnitt.

Man übersieht leicht, daß diese Wasserschloßanordnung gewisse Nachteile in sich birgt. Denn will man an Wasserschloßvolumen sparen, dann wird dessen Horizontalquerschnitt klein. Zur Vermeidung hoher Spiegelausschläge muß dann auch der Widerstand einen entsprechend engen Querschnitt aufweisen, um den Druckverlust bzw. die Drucksteigerung hoch genug zu treiben. Im letzteren Falle erhält man dann unzulässig hohe Drücke im Druckstollen, deren Aufnahme außerordentliche Mehrkosten verursachen würden; bei momentaner Belastungszunahme ist vielleicht sogar mit Unterdruck (Vakuum) im Stollen zu rechnen. Ein weiterer Nachteil dieses Wasserschloßtyps liegt in der Tatsache, daß der Wirkungsgrad des Widerstandes von vornherein sehr schwierig einwandfrei feststellbar ist, und dadurch zu den Unsicherheiten, welche die Wasserschloßberechnung gerade wegen der Größe der zu wählenden Reibungsziffern im Stollen an und für sich schon bietet, ein weiterer Unsicherheitsfaktor hinzukommt.

Beispiele für solche Widerstandswasserschlösser zeigen das Salmon-River-Kraftwerk U.S.A., und das Ljungakraftwerk Schweden.

Ingenieur Raymond D. Johnson, New York, hat den Widerstandswasserschloßtyp konstruktiv weiter entwickelt

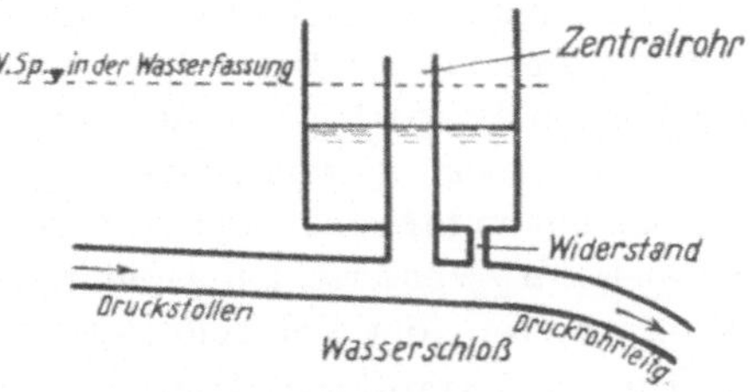

Abb. 9. Schematische Darstellung eines gedämpften Wasserschlosses mit Widerstand und Zentralrohr (Johnson-Wasserschloß).

und zuerst (vgl. Abb. 9) in dieser verbesserten Form angewendet.

Bei diesem Typ kann das Wasser bei momentaner Belastungsabnahme nicht nur durch den Widerstand in das Wasserschloß eintreten, sondern auch noch durch ein Zentralrohr ohne nennenswerten Widerstand hochsteigen und in den Schloßbehälter überfallen. Diese Anord-

nung vermeidet den weiter oben angeführten Nachteil einer dem Widerstand entsprechenden Drucksteigerung im Druckstollen, weil durch das
Zentralrohr die Drucksteigerung nach Wunsch geregelt werden kann.
Um die Vorteile des gedämpften Wasserschlosses durch die Einschaltung
des Zentralrohres nicht zu weitgehend preiszugeben, muß dessen Horizontalquerschnitt allerdings verhältnismäßig klein gehalten werden. Damit
wird auch für diesen Typ der Nachteil der Wasserschlösser mit Dämp-

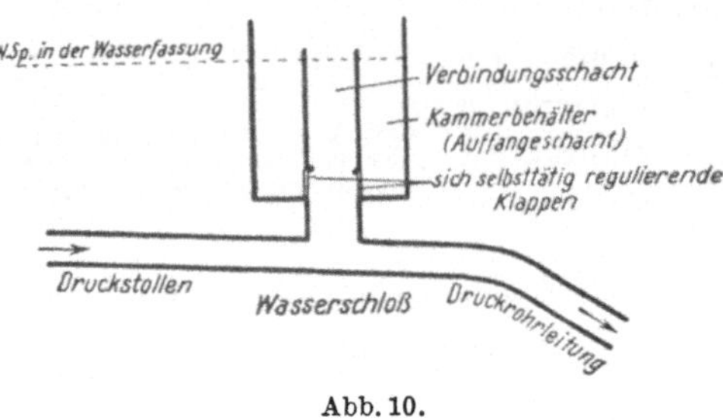

Abb. 10.

fung nicht behoben, welcher
darin besteht, daß sie gegen
Belastungsstöße sehr emp-
findlich sind, wenn der Stoß
größer ist, als die für die
Berechnung des Widerstan-
des vorausgesetzte momen-
tane Belastungszunahme —
selbst wenn der Stoß nur
wenige Sekunden dauert. Der
Druckverlust durch den Widerstand wächst nämlich mit dem Quadrat
der Belastungszunahme und das entlastende Zentralrohr hat seine Wassermenge gewöhnlich schon nach wenigen Sekunden restlos abgegeben.

Zu einem dem Johnson-Wasserschloß in der Form ähnlichen Typ
kommt man übrigens auch, wenn man den verbesserten Ritom-Typ
(Abb. 6a) konstruktiv weiter entwickelt. Führt man nämlich bei diesem
die obere Kammer lotrecht herunter bis zur Höhe des Druckstollens
und desgleichen auch den Schacht in den Druckstollen herein, so kann
dieser obere Kammerbehälter bei geeigneter Dimensionierung die untere
Kammer ersetzen. Es braucht die Verbindung zwischen Kammerbehälter
und Stollen nur durch Klappen hergestellt zu werden, welche so bemessen
sein müssen, daß im Augenblick, in welchem der Spiegel im Steigschacht
die tiefstzulässige Lage erreicht hat, aus dem Auffangeschacht gerade
so viel Wassser zuströmt, als der größten noch zu berücksichtigenden
Entnahmeverstärkung entspricht, so daß also ein weiteres Absinken des
Spiegels im Wasserschloß verhindert wird. An die Stelle des Widerstandes treten hier sich selbsttätig regulierende Klappen[1].

Um die Empfindlichkeit der gedämpften Wasserschlösser gegen
Belastungsstöße herabzumindern, können mehrere Widerstände in
verschiedener Höhenlage angeordnet werden. Diese arbeiten dann so,
daß für die größten Stöße ein geringer Widerstand wirkt und dem
entsprechend ein geringer Druckverlust eintritt, so daß eine ungewollt
große Drucksteigerung beim momentanen Absperren des Wassers nicht

---

[1] Vgl. Schoklitsch: Über die Bemessung von Wasserschlössern, Wasserkraftjahrbuch 1925/26.

vorkommen kann. Abb. 11 zeigt die schematische Anordnung eines Wasserschlosses mit 2 Widerständen, die für die meisten Fälle der Praxis genügen.

An Stelle der in verschiedenen Wasserhöhen wirksamen Widerstände läßt sich ein mit der Höhe des Wasserstandes veränderlicher Widerstand gewinnen durch Anordnung eines vertikalen Schlitzes im Zentralrohr.

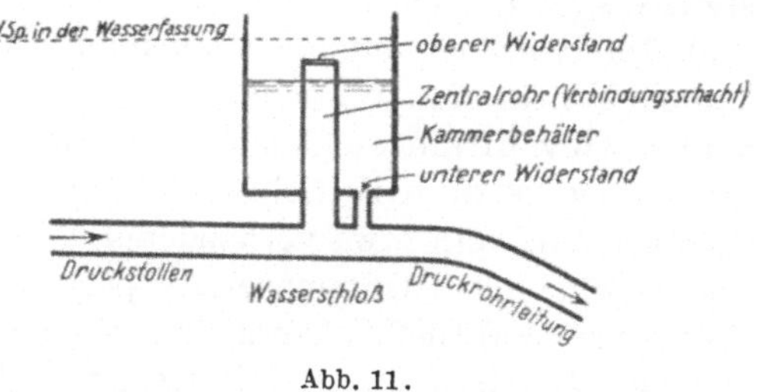

Abb. 11.

Für die Berechnung der Wasserstandssenkungen kommt nur der untere Widerstand zur Wirkung, wenn der ursprüngliche Wasserstand (vorhergehender Beharrungszustand!) tiefer liegt, als die Krone des oberen Widerstandes.

Forderungen an das Wasserschloß[1].

1. Die Wasserschloßdimensionen sind so zu bemessen, daß auftretende Schwingungen stets gedämpft verlaufen, d. h., daß der Wasserspiegel im Wasserschloß nach jeder möglichen Gleichgewichtsstörung als Folge einer Belastungsänderung innerhalb einer bestimmten Zeit wieder eine Beharrungslage erreicht, die „stabil" ist. Es dürfen also keine andauernden oder angefachten Schwingungen auftreten, weil diese nicht nur zu Unzuträglichkeiten im Wasserschloß selbst führen (Überflutung), sondern auch zu einem starken Verschleiß der Turbinen und deren Reglereinrichtungen. Diese fundamentale Forderung nach „stabilen Verhältnissen" bei einem Wasserschloß führt auf einen Minimumquerschnitt. Dieser Minimumquerschnitt ist, wie Vogt nachgewiesen hat, für jeden Wasserschloßtyp maßgebend, weil die Stabilitätsgrenze für alle Wasserschloßformen dieselbe ist.

2. Bei der größtmöglichen Belastungsabnahme darf der Schloßwasserspiegel nicht so hoch steigen, daß er den Schloßscheitel berührt oder gar zu einer Überflutung des Schlosses führt. Würde man für die Zugrundelegung der größtmöglichen Belastungsabnahme vom Kurzschluß im Netz ausgehen, dann käme man — wenigstens bei größeren modernen elektrischen Kraftanlagen — nur auf eine teilweise Entlastung,

---

[1] Vgl. in der Literatur u. a.

Vogt: Berechnung und Konstruktion des Wasserschlosses. Verlag von Friedr. Enke, Stuttgart 1923.

Mühlhofer: Zeichnerische Bestimmung der Spiegelbewegungen in Wasserschlössern von Wasserkraftanlagen mit unter Druck durchflossenem Zulaufgerinne. Berlin: Julius Springer 1924.

weil bei diesen im Kurzschlußfalle gewöhnlich nur ein Teil der Belastung ausgekuppelt wird. Außerdem benötigen die Turbinen auch im Leerlauf etwas Wasser (15 bis 35% des Vollastverbrauches je nach dem Turbinentyp). Im Hinblick auf die erfahrungsgemäß vorhandene Möglichkeit, daß die Ventile den Wasserzufluß momentan abstoppen (Unglücksfall), muß gleichwohl mit vollkommenem und dabei nahezu plötzlichem Absperren der größten Betriebswassermenge gerechnet werden. Damit ist natürlich auch ein etwa vorhandener Überfall so zu bemessen, daß die dem plötzlichen vollkommenen Absperren bei Vollbetrieb entsprechende Wassermenge abfließen kann, ohne Überflutungen herbeizuführen.

3. Bei zunehmender Belastung der Turbinen (Zunahme des Wasserverbrauches!) darf der Wasserspiegel im Wasserschloß nicht so tief sinken, daß Luft in den Stollen oder in die Druckrohrleitung eindringen kann, weil die dabei zu erwartenden Stöße den Bestand dieser Bauteile gefährden könnten. Von den verschiedenen Möglichkeiten der Belastungszunahme[1] ist der ungünstigste Fall der plötzliche Zuwachs des Wasserverbrauches vom Leerlaufverbrauch mit magnetisierten Generatoren (15 bis 35%) bis Vollast, d. s. 65 bis 85% der Vollast. Praktisch kann dieser Fall nur bei kleinen Anlagen vorkommen, z. B., wenn nur eine Maschineneinheit vorhanden ist. Bei größeren Kraftanlagen verteilt sich die Leistung auf mehrere Einheiten, welche nie gleichzeitig in Betrieb gesetzt werden. Bei Inbetriebnahme beispielsweise einer dritten Einheit haben die beiden laufenden Einheiten wohl meist nahezu Vollast. Ein Belastungsstoß kann deshalb wohl nur wenig über die Leistung eines Maschinenaggregats hinausgehen. Beim Porjuskraftwerk in Schweden wird mit 30% momentanem Zuwachs gerechnet, beim Norekraftwerk in Norwegen nur mit 15%.

Diesen fundamentalen Forderungen kann grundsätzlich mit jedem der weiter oben aufgezeigten Wasserschloßtypen entsprochen werden. Tatsächlich wird man aber in jedem Falle eingehend zu prüfen haben, welcher Typ betrieblich und wirtschaftlich den Vorzug verdient. Was die wirtschaftliche Seite, also die Baukosten des Wasserschlosses anlangt, darf man annehmen, daß diese etwa mit dem Raumausmaß des Schlosses proportional wachsen. Je besser dieser Rauminhalt nun ausgenützt wird, desto — verhältnismäßig — kleiner kann er werden und desto kleiner — ebenfalls verhältnismäßig verstanden — werden die Geldaufwendungen für das Wasserschloß.

---

[1] Allmähliche Zunahme von Null bis Vollast z. B. bei Wiederinbetriebnahme der Anlage; plötzliche Zunahme von teilweiser Belastung bis Vollast, z. B. beim Start großer Einheiten (elektr. Lokomotiven, Walzwerksmotoren, Schmelzöfen usw.); Zunahme durch kurzdauernde Belastungsstöße, z. B. beim Start großer Einheiten und bei Kurzschlüssen (für gewisse Arten von Schmelzöfen sind solche Kurzschlüsse normal und kommen regelmäßig vor).

Die Grundlagen der Wasserschloßberechnung.

I. Verwendete Bezeichnungen.

(In Anlehnung an die vom erweiterten Hydraulikausschuß des VDI festgesetzten Bezeichnungen und Zeichen in der Hydraulik, vgl. Wasserkraftjahrbuch 1925/26, Anhang.)

a) Festwertige Größen:

$L =$ wirkliche Länge des Druckstollens zwischen Wasserfassung und Wasserschloß = m.

$f =$ Normalquerschnitt des Stollens = m².

$Q_0 =$ normaler Wasserverbrauch bei Vollast und Fallhöhe $H - h_0$ = m³/sec.

$g =$ Erdbeschleunigung = m/sec².

$v_0 =$ mittlere Wassergeschwindigkeit im Stollen bei Vollast $\left(= \dfrac{Q_0}{f}\right) =$ m/sec.

$K_0 =$ Druckhöhenverlust im Dämpfungswiderstand bei Wassergeschwindigkeit v_0 im Stollen = m.

$h_0 =$ Druckhöhenverlust von der Wasserfassung bis zum Wasserschloß bei der Wassergeschwindigkeit v_0 im Stollen = m.

$F =$ Horizontalquerschnitt des Wasserschlosses im lotrechten Abstand z vom Wasserfassungsspiegel = m².

$H =$ Bruttogefälle = m.

$a =$ lotrechter Abstand der Überfallkrone vom Wasserfassungsspiegel = m.

$B =$ wirksame Überfallänge = m.

b) Veränderliche Größen beim Betrieb.

$Q =$ augenblicklicher Wasserverbrauch der Turbinen = m³/sec.

$n =$ Belastungsgrad, nach Wasserverbrauch gerechnet, $= \dfrac{Q}{Q_0}$.

$v =$ mittlere Wassergeschwindigkeit im Stollen, positiv in der Richtung von der Wasserfassung zum Schloß, negativ in der Richtung vom Wasserschloß zur Wasserfassung gerechnet = m/sec.

$h = \chi \cdot v^2 =$ Druckhöhenverlust von der Wasserfassung bis zum Wasserschloß bei der Wassergeschwindigkeit v im Stollen = m.

$z =$ lotrechter Abstand des Wasserspiegels im Wasserschloß vom Wasserspiegel in der Wasserfassung, nach unten

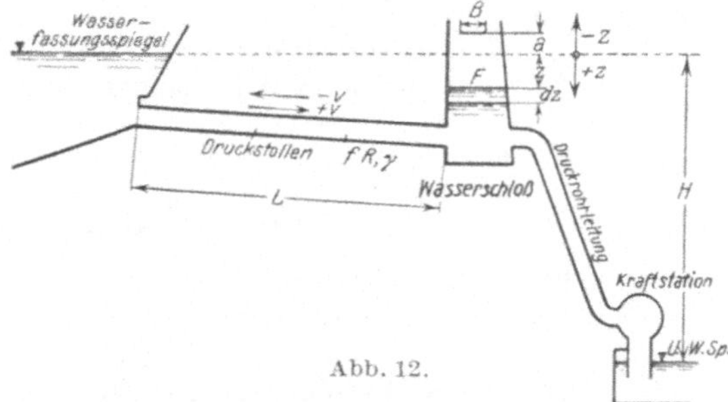

Abb. 12.

positiv, nach oben negativ gerechnet = m. (Die Höhenlage des Wasserfassungsspiegels ist für die Zeit der Untersuchung als unveränderlich angenommen. Für die verschiedenen extremen Fälle der Belastungsänderungen sind natürlich auch die möglichen Extremspiegellagen der Wasserfassung zu berücksichtigen.)

t = Zeit = sec.

R = hydraulischer Radius des Stollens = m.

$c = \dfrac{87}{1 + \dfrac{\gamma}{\sqrt{R}}}$ = Geschwindigkeitsbeiwert in der de Chézy'schen Geschwindig-

keitsformel $v = c\sqrt{R \cdot J}$.

γ = Rauhigkeitsziffer nach Bazin.

J = Gefälle der Piezometerlinie zwischen Wasserfassung und Schloß.

c) Zur Erleichterung der Übersicht wurden die verschiedenen Konstruktionsgrößen für Stollen und Wasserschloß nach dem Vorbilde Vogts in Verhältniszahlen zusammengefaßt:

veränderliche:

$$x = \frac{z}{h_0} \; ; \; x_m = \text{Größtwert von } x = \frac{z_{\max}}{h_0}$$

$$y = \frac{v}{v_0}$$

$$T = \text{Schwingungsdauer} = \frac{g \cdot h_0}{L \cdot v_0} \cdot t$$

$$u = \frac{\text{Wassermenge im Überfall}}{v_0 \cdot f}$$

$$\mathfrak{B} = \frac{\text{Volumen } V}{\left(\dfrac{L \cdot f \cdot v_0^2}{g \cdot h_0}\right)}$$

unveränderliche:

$$\beta = \frac{h_0}{H}$$

$$\eta = \frac{K_0}{h_0}$$

$$\varepsilon = \frac{\text{kinetische Energie des Stollenwassers}}{\text{potentielle Energie des Wassers im Wasserschloß}} = \frac{L \cdot f \cdot v_0^2}{g \cdot F \cdot h_0^2}$$

besondere Größen:

T_0 = Dauer einer vollen Schwingung des Systems

T_1 = Öffnungszeit bei langsamer Belastungszunahme

$$\eta_1 = \frac{x_m - n^2}{(1 - n)^2} \, .$$

d) Verbesserungen.

$\varkappa$ = Berichtigungsbeiwert für L.

ξ = Berichtigungsbeiwert für β.

II. Die Berechnung des Wasserschlosses.

1. Ermittlung des Minimumquerschnittes.

Da die Stabilitätsgrenze für alle Wasserschloßtypen, also auch für die gedämpften, dieselbe ist, soll zunächst deren Berechnung behandelt werden. Um die Forderung zu erfüllen, daß keine andauernden oder angefachten Schwingungen (infolge Resonanz) im Wasserschloß auftreten können, muß nach Thoma folgenden 2 Bedingungen genügt werden:

$$\frac{h_0}{H} < \frac{1}{3}$$

und

$$\varepsilon < 2 \cdot \frac{1 - \dfrac{h_0}{H}}{\dfrac{h_0}{H}} \qquad\qquad \text{(III)}$$

Im Grenzfall darf ε_{gr} höchstens sein:

$$\varepsilon_{gr} = 2 \cdot \frac{1 - \dfrac{h_0}{H}}{\dfrac{h_0}{H}} = \frac{L \cdot f \cdot v_0^2}{g \cdot F_{gr} \cdot h_0^2}.$$

Da mit zunehmender Glattheit der Stollenwand der Minimumquerschnitt wächst, ist, um sicher zu gehen, der Druckhöhenverlust h_0 zwischen Wasserfassung und Wasserschloß mit dem kleinsten Wert der Reibung in Ansatz zu bringen.

Will man berücksichtigen, daß die Annahme, die Reibung sei proportional dem Quadrat der Geschwindigkeit, nicht ganz genau zutrifft, so hat man den Ausdruck

$$2 \cdot \frac{1 - \dfrac{h_0}{H}}{\dfrac{h_0}{H}}$$

mit einem Koeffizienten $\psi < 1$ zu multiplizieren. Dabei kommt man den in praxi vorliegenden Fällen sehr nahe, wenn man $\psi = 0{,}97$ in Ansatz bringt.

Eine weitere Berichtigung ergibt sich aus der Tatsache, daß die kinetische Energie nicht $\dfrac{L \cdot f \cdot \gamma \cdot v_0^2}{2\,g}$, sondern gleich $\dfrac{L\gamma}{2\,g} \cdot \int v^2\,df$ ist. Man hat deshalb statt mit L mit einer virtuellen Stollenlänge $\varkappa \cdot L$ zu rechnen, wobei

$$\varkappa = \frac{f \cdot \int v^2\,df}{[\int v\,df]^2}.$$

$\varkappa$ ist immer größer als 1 und liegt gewöhnlich zwischen 1,02 und 1,20. Für Stollen mit glattem Zementputz dürfte $\varkappa = 1{,}02$ bis $1{,}05$ betragen.

Damit erhält man für die Stabilitätsbedingungen folgende Bestimmungsgleichungen:

$$\frac{h_0}{H} < \frac{1}{3}$$

und

$$\varkappa \cdot \varepsilon = \varkappa \cdot \frac{L \cdot f \cdot v_0^2}{g \cdot F_{gr} \cdot h_0^2} \leq 2\,\psi \cdot \frac{1 - \dfrac{h_0}{H}}{\dfrac{h_0}{H}} \qquad\qquad \text{(III a)}$$

Da bei Kraftanlagen im praktischen Falle der Reibungsverlust im Stollen immer kleiner als ⅓ der Bruttofallhöhe sein dürfte, ist die Bedingung

$$\frac{h_0}{H} < \frac{1}{3}$$

wohl immer erfüllt.

Um die zweite Bedingung zu erfüllen, muß der Schachtquerschnitt im Wasserschloß einen Mindestquerschnitt erhalten, der sich wie folgt ergibt:

$$F_{\mathrm{gr}} \geqq \frac{\varkappa}{2\,g\cdot\psi}\cdot\frac{L\cdot f\cdot v_0^2}{h_0\cdot(H-h_0)} = \frac{\varkappa}{2\,g\cdot\psi}\cdot\frac{L\cdot f\cdot v_0^2}{h_0\cdot H_{\mathrm{netto}}},$$

wenn $H - h_0 = H_{\mathrm{netto}}$.

Setzt man noch unter Vernachlässigung des Eintrittsverlustes und der Geschwindigkeitssteigerung am oberen Stollenmund

$$h_0 = \frac{v_0^2\cdot L}{c^2\cdot R} = \frac{v_0^2\cdot L\cdot 2\,\sqrt{\pi}}{c^2\cdot\sqrt{f}},$$

so wird

$$F_{\mathrm{gr}} \geqq \frac{\varkappa\cdot c^2}{4\,g\cdot\psi\cdot\sqrt{\pi}}\cdot\frac{f^{1,5}}{H_{\mathrm{netto}}}.$$

Für $\varkappa = 1{,}05$, $\psi = 0{,}97$ erhält man

$$F_{\mathrm{gr}} \geqq 0{,}01556\cdot c^2\cdot\frac{f^{1,5}}{H_{\mathrm{netto}}}. \tag{IIIb}$$

Wie nahe man bei der Bemessung in praxi an die Stabilitätsgrenze, d. i. an den Minimumquerschnitt F_{gr} herangehen soll, ist Sache der Schätzung. Wenn die Berechnung der Minimumreibung so ausgeführt ist, daß geringere Reibung unmöglich vorkommen kann, dürfte es entsprechen, bei niedrigeren und mittleren Fallhöhen den Wasserschloßquerschnitt 10 bis 30% größer als den berechneten Minimumquerschnitt zu wählen. Wahrscheinlich ist dann die wirkliche Reibung größer als die angenommene Minimumgrenze und der Stabilitätszuschlag wird dann auch in Wirklichkeit größer.

Bei Anlagen mit großen Fallhöhen wird der auf diese Weise berechnete Querschnitt sehr klein und wird oft aus praktischen Rücksichten zu gering. Manchmal zwingt auch die Anordnung von Rechen, Schützen und dgl. im Wasserschloß oder die Erzielung einer rationellen Führung des Wassers zur Anwendung eines größeren Wasserschloßschachtquerschnitts.

Dagegen wird, wie Vogt nachgewiesen hat, die Bemessung des Wasserschloßquerschnittes weder bei ungedämpften noch bei gedämpften Wasserschlössern direkt von der Rücksicht auf die Turbinenregelung beeinflußt, wohl aber hat die Rücksicht auf die Turbinenregelung Einfluß auf die Bemessung des Dämpfungswiderstandes und dadurch auf die Wahl der Wasserschloßtype überhaupt.

2. Der Schachtwasserschloßtyp.

a) Entwicklung der Gleichungen. Zunächst wird von dem Fall der Belastungsabnahme ausgegangen. Dabei ist für die Festlegung der Wasserschloßgröße der ungünstigst mögliche Betriebsfall zugrunde zu legen. Und dieser ist — wie bereits im Abschnitt „Forderungen an das Wasserschloß" (S. 19ff.) ausgeführt — jener des momentanen und vollkommenen Abschlusses. Bei endlicher, wenn auch kleiner Schlußzeit der Turbinen reichen die Schwingungen nicht so hoch, wie bei plötzlichem Abschluß (vgl. auch Vogt a. a. O. S. 68ff.).

Im Zeitteilchen dt, zunächst gerechnet vom Augenblick des vollkommenen Schließens der Turbinen oder der Ventile, fließt vom Stollen die Wassermenge $f \cdot v \cdot dt$ in das Wasserschloß. Dadurch steigt hier der Wasserspiegel um dz. Nehmen wir dz positiv für fallenden Wasserspiegel im Wasserschloß und beachten, daß das Wasser als vollkommene Flüssigkeit so gut wie nicht zusammendrückbar ist, dann erhalten wir die **Kontinuitätsgleichung**

$$f \cdot v \cdot dt = - dz \cdot F$$

oder

$$- dz = \frac{f}{F} v \cdot dt . \tag{1}$$

Mit dieser Gleichung haben wir gewissermaßen die Bilanz für die Wassermengen aufgestellt (Kontinuitätsgleichung). Letztere ist — streng genommen — nur für ein sehr kleines Zeitelement richtig, weil durch die Störung des Beharrungszustandes das Fließen des Wassers im Stollen nicht in gleicher Weise dauernd weitergehen kann. Es ändert sich also v und damit dz mit der Zeit, deshalb haben wir es jetzt mit einer **veränderlichen** Wasserbewegung zu tun. Nun handelt es sich darum, die Kraft, welche die Geschwindigkeit des Wassers im Stollen abbremst, nach Größe und Wirkungsweise festzustellen.

Der steigende Wasserspiegel im Schloß hat einen steigenden Überdruck auf die bewegten Wasserteilchen im Stollen zur Folge, der verzögernd wirkt[1]. Im gleichen Sinne äußert sich der Einfluß des Druckhöhenverlustes h, wenn man ihn sich als Reibungskraft im Stollen angebracht denkt, weil diese stets der Wasserbewegung entgegenwirkt. Da wir den Abstand z des Wasserschloßspiegels von der Nullage (= Seespiegelniveau) nach abwärts positiv angenommen haben, d. i. also für **negativen** Überdruck bezüglich der Wasserbewegung im Stollen,

---

[1] Zum Unterschied von der unveränderlichen verzögerten Wasserbewegung (z. B. Stau) ändert sich in unserem Fall der veränderlichen Wasserbewegung die Verzögerung selbst mit der Zeit, während dort die Verzögerung zu jedem Beobachtungszeitpunkt gleich bleibt, wobei für beide Fälle ein unveränderlicher Beobachtungsstandpunkt vorausgesetzt ist (**Charakteristikum der veränderlichen Wasserbewegung!**).

kommt für eine Lage des Wasserschloßspiegels im Abstand $+ z$ von der Nullage wegen der dann entgegengesetzten Wirkung von z und h als abbremsende Druckhöhe nur die Differenz $(z - h)$ in Frage.

Der auf den Wasserquerschnitt des Stollens wirkende Überdruck beträgt dann

$$P = (z - h) \cdot f \, .$$

Diese Kraft kann natürlich nur wirken, wenn ihr ein gleich großer Widerstand entgegentritt (actio und reactio). Diesen Widerstand bietet die im Stollen fließende Wassermenge.

Die Gegenkraft beträgt daher

$$P = m \cdot \frac{d\,v}{d\,t} \, * \, .$$

Nach dem eben Gesagten ist

$$m = \frac{1{,}0 \cdot f \cdot L}{g} \, ,$$

wobei das spezifische Gewicht des Wassers mit $1{,}0 \ \mathrm{t/m^3}$ in Ansatz gebracht ist.

Damit

$$P = \frac{f \cdot L}{g} \cdot \frac{d\,v}{d\,t} \, .$$

Durch Gleichsetzen beider Kräfte folgt

$$\frac{f \cdot L}{g} \cdot \frac{d\,v}{d\,t} = (z - h) \cdot f \, .$$

Durch Umstellen erhält man die Kraftgleichung

$$dv = \frac{g}{L} \, (z - h) \cdot dt \, . \tag{2}$$

Wäre der Turbinenabschluß kein vollkommener, so daß dem Wasserschloß im Zeitteilchen dt noch die Wassermenge Q entnommen würde, dann muß diese Wassermenge Q gleich sein der Summe aus der Wassermenge, die dem Wasserschloß im gleichen Zeitteilchen durch den Stollen zufließt, und der Änderung, welche der Wasservorrat des Wasserschlosses in diesem Zeitteilchen selbst erfährt. Die Kontinuitätsgleichung lautet dann

$$Q \cdot dt = f \cdot v \cdot dt + F \cdot dz$$

oder

$$- dz = \frac{f \cdot v - Q}{F} \cdot dt \, . \tag{1a}$$

---

* Dabei wird die im Wasserschloß selbst mitschwingende Wassermasse vernachlässigt, was zulässig erscheint, weil ihre Masse im Verhältnis zum Stolleninhalt klein ist, desgl. werden die im Wasserschloß auftretenden Widerstände, weil klein gegenüber den Widerständen im Stollen, außer Ansatz gelassen.

Man übersieht leicht, daß die Gleichung (1a) auch bereits den Fall einer momentanen Belastungszunahme mit einschließt, d. h. die Wasserschloßschwingungen zusammen mit Gleichung (2) allgemein beschreibt.

Für $Q < f \cdot v$ wird dz negativ, d. h. der Schloßspiegel steigt (Belastungsabnahme).

Für $Q = 0$ und $f \cdot v = Q_0$ wird dz und damit z ein Maximum nach oben (vollkommener Abschluß der Turbinen bzw. der Ventile).

Für $Q = f \cdot v$ wird $dz = 0$, d. h. der Schloßspiegel bleibt unverändert (Beharrungszustand).

Für $Q > f \cdot v$ wird dz positiv, d. h. der Schloßspiegel sinkt (Belastungszunahme).

Für $Q = Q_0$ und $f \cdot v = 0$ wird dz und somit z ein Maximum nach unten (gleichzeitiges vollkommenes Öffnen sämtlicher Turbinen oder Ventile nach Werkstillstand).

Die Wassermenge Q, welche dem Wasserschloß in der Zeiteinheit entnommen wird, setzt sich ihrerseits ganz allgemein zusammen aus einer Wassermenge, die über einen im Wasserschloß eingebauten Überfall zum Abfluß gelangt und jener Wassermenge, welche durch die Druckrohrleitung abgeht. Dabei braucht sich letztere Wassermenge nicht zu decken mit der Beaufschlagungsmenge der Turbinen. Sie kann sich vielmehr zusammensetzen aus der Turbinenschluckwassermenge und aus einer Wassermenge, welche durch einen irgendwie betätigten Auslaß noch vor den Turbinen aus der Druckrohrleitung austritt (durch die Turbinenregler gesteuerte Auslaßventile zur Vermeidung unzulässiger Drucksteigerungen in der Druckrohrleitung!).

Von den in den Gleichungen (1) bzw. (1a) und (2) vorkommenden veränderlichen Größen erheischt der Wert h noch besondere Beachtung. Er gibt den absoluten Wert des Druckhöhenverlustes in m an, der zwischen Wasserfassung und Wasserschloß auftritt. Der Druckhöhenverlust setzt sich dabei zusammen aus dem Eintrittsverlust beim Eintritt des Wassers vom Stausee (Wasserfassung) in den Druckstollen, ferner aus dem Druckhöhenverbrauch zur Erzeugung der im Stollen herrschenden Geschwindigkeit, aus der Druckhöhe zur Überwindung der Reibung an der Stollenwand und aus der Druckhöhe zur Überwindung der im Zuge des Druckstollens auftretenden Krümmerwiderstände und der Druckverbräuche für evtl. Querschnittsänderungen.

Bei längeren Druckstollen wird der Wert h im wesentlichen durch den Reibungsverlust im Stollen bestimmt, so daß die übrigen Aufwendungen an Druckgefälle vernachlässigt werden können. Diese Vernachlässigung bei längeren Druckstollen läßt sich auch noch im Hinblick auf die Unsicherheit, welche bezüglich der Festlegung der Größe des Stollenreibungsverlustes selbst stets vorliegt, rechtfertigen.

Die Bedeutung, welche die Größe h für die Ermittlung der Schwingungen zukommt, läßt es angezeigt erscheinen, noch etwas ausführlicher darauf einzugehen. Für die zahlenmäßige Erfassung der im Stollen auftretenden Verluste wird angenommen, daß jeder Verlust für sich proportional ist dem Quadrat der mittleren Stollenwassergeschwindigkeit v. Der Reibungsverlust h läßt sich deshalb anschreiben mit

$$h = \text{Funktion } (v^2)\,.$$

Die Versuche A. Budaus[1] an einer 2,20 m weiten und 1280 m langen Eisenbetondruckrohrleitung haben zu dem Schlusse geführt, daß man für Leitungen von nicht zu kleinem Durchmesser „berechtigt ist, den Druckhöhenverlust nach jenen Formeln zu berechnen, welche für offene Gerinne Gültigkeit haben" und „daß die Behandlung dieser geschlossenen Rohrleitungen nach den Formeln für offene Gerinne die gleichen Rauhigkeitsgrade verträgt, wie sie bei letzteren dem Material der Ufer und der Sohle entsprechend einzuführen wären".

Im Hinblick auf die entsprechende Regelmäßigkeit des Profils einer Druckrohrleitung kommen für die Auswertung der Budau'schen Versuchsergebnisse nur solche offene Gerinne in Frage, welche ebenfalls sehr regelmäßig ausgebildet sind. Mit anderen Worten: die Formeln, welche zur Berechnung des Reibungsverlustes in der Druckrohrleitung benützt werden, müssen von den Verhältnissen ebenfalls sehr regelmäßig ausgestalteter offener Gerinne hergeleitet sein. Hält man an $h = \text{Funktion } (v^2)$ fest, dann kommt zweckmäßig nur die de Chézy'sche Geschwindigkeitsformel mit dem Bazin'schen Geschwindigkeitsbeiwert in Frage, weil diese Beiwerte aus sehr regelmäßigen künstlichen Gerinnen hergeleitet sind.

Damit erhält die obige Beziehung für h die Form:

$$h = \frac{L}{c^2 \cdot R} \cdot v^2 \; *$$

wobei

$$c = \frac{87}{1 + \dfrac{\gamma}{\sqrt{R}}}\,.$$

Setzt man die Konstante $\dfrac{L}{c^2 \cdot R} = \chi$, dann wird $h = \chi \cdot v^2$.

---

[1] Budau: Versuche über Druckverluste in Eisenbetonrohrleitungen. Z. öst. Ing.-V. 1914; vgl. ferner Vogt a. a. O. S. 73ff.

* Mit der neuen Forchheimer'schen Formel (vgl. Forchheimer: Der Durchfluß des Wassers durch Röhren und Gräben, insbesondere durch Werkgräben großer Abmessungen S. 50, Berlin 1923) ergäbe sich

$$h = \frac{n^2 \cdot L}{R^{1,4}} \cdot v^2,$$

Manche Ingenieure rechnen den Geschwindigkeitsbeiwert c nach der von Ganguillet-Kutter aufgestellten empirischen Formel

$$c = \frac{23 + \dfrac{1}{n} + \dfrac{0,00155}{J}}{1 + \left(23 + \dfrac{0,00155}{J}\right) \cdot \dfrac{n}{\sqrt{R}}}.$$

Hierbei bedeutet n die Rauhigkeitsziffer der Gerinnewandung, J das relative Gefälle der Piezometerlinie zwischen Wasserfassung und Wasserschloß. Rümelin[1] hat bereits gezeigt, daß diese umständliche Formel von Ganguillet-Kutter für die Entwurfs- und Baupraxis entbehrlich ist, da selbst bei sehr kleinem Relativgefälle J der Unterschied zwischen dem unter Berücksichtigung des J bestimmten Geschwindigkeitsbeiwert und jenem ohne Berücksichtigung des J kleiner ist als die Ungenauigkeit, welche in der Annahme der Rauhigkeitsziffer liegt. Beachtet man, daß die Größe J bei den Spiegelschwankungen eine veränderliche Größe ist, so übersieht man, daß die Anwendung der „großen" Ganguillet-Kutter'schen Formel eine vollkommen unnötige Vergrößerung der Rechenarbeit bedeutet, weshalb hier von deren Verwendung grundsätzlich Abstand genommen wird.

Gewisse Schwierigkeiten bereitet jeweils die Festlegung der Rauhigkeitsziffer γ für den Druckstollen, weil dies vor der Bauausführung zu geschehen hat. Beispielsweise hängt die Rauhigkeit bei roh aus den Felsen gesprengten Stollen ohne irgendeine Auskleidung ganz wesentlich davon ab, ob sich der Fels zackig oder muschelig, also relativ glatt sprengt, ob und in welchem Ausmaße nachgearbeitet wird und so weiter. Aber auch bei ausgekleideten Druckstollen hat man keinen sicheren Anhalt dafür, welchen Wert γ nach der Bauvollendung und dann später im Dauerbetrieb annehmen wird. Das hängt ab von der Qualität und Haltbarkeit des Betonputzes bzw. des Betons überhaupt. Hier spielt nicht nur der Gütegrad der Bauausführung eine gewichtige Rolle, sondern auch die Größe und die Häufigkeit der aus dem Betrieb resultierenden wechselnden Beanspruchungen.

Um bei der Festsetzung der Wasserschloßabmessungen sicher zu gehen, ist es empfehlenswert, jeweils den ungünstigeren Wert γ in Rechnung zu setzen. Hier sind nun zwei Fälle zu unterscheiden:

---

wobei $n =$ Rauhigkeitsziffer nach Ganguillet-Kutter. Der Ausdruck $\dfrac{n^2 \cdot L}{R^{1,4}}$ ist, wie bei dem obigen Ansatz nach Chézy-Bazin, für ein bestimmtes Triebwassergerinne mit gleichbleibendem Profil festwertig, so daß auch hier die rechnerische Bestimmung der Werte h lediglich die Ermittlung der Größe von v erfordert.

[1] Rümelin: Wie bewegt sich fließendes Wasser? Dresden: Verlag von Zahn und Jaensch 1913.

1. **Belastungsabnahme:** Der Wasserschloßraumbedarf wird hier um so größer, je geringer die Abdämpfung im Druckstollen, je geringer also die Reibung und je kleiner damit der Wert γ ist. Z. B. bei betonierten Stollen mit Glattputz hat man — bei sehr sorgfältiger Bauausführung — in der ersten Zeit der Betriebsnahme mit der Möglichkeit eines kleineren Wertes γ zu rechnen, als man zu erzielen beabsichtigt hatte. In den späteren Zahlenbeispielen ist deshalb mit $\gamma = 0,10$ für diesen Fall (betonierter, geputzter Stollen) gerechnet.

2. **Belastungszunahme:** Der Wasserschloßraumbedarf wird hier um so größer, je größer die Abbremsung im Druckstollen, je größer also die Reibung und damit der Wert γ ist. Beim betonierten Stollen mit Glattputz ist nun beispielsweise der Fall sehr gut denkbar, daß im Laufe der Jahre durch Abblätterung des Putzes, Auslaugungen usw. eine wesentliche Erhöhung der ursprünglichen Rauhigkeit auftritt, zumal, wenn die Bauarbeiten seinerzeit nicht mit der nötigen Sorgfalt ausgeführt wurden oder aber das Baumaterial nicht ganz zweckentsprechend war. Dieser Möglichkeit wurde in den späteren Zahlenbeispielen (betonierte Stollen) dadurch Rechnung getragen, daß für diesen Fall $\gamma = 0,45$ in Ansatz gebracht wurde.

b) Lösung der Gleichungen. α) **Plötzliche Belastungsminderung.** Die Schwingungsgleichungen für das Schachtwasserschloß lauteten für den allgemeinen Fall:

$$- dz = \frac{f \cdot v - Q}{F} \cdot dt, \tag{1a}$$

$$dv = \frac{g}{L}(z - h) \cdot dt. \tag{2}$$

Dabei können im allgemeinen Fall alle Größen veränderlich sein bis auf f, g, L. Löst man die Gleichung (1a) nach v auf und führt diesen Ausdruck in Gleichung (2) ein, so erhält man eine Differentialgleichung zweiter Ordnung, in welcher t die unabhängige und z die abhängige Variable ist. Diese Gleichung erweist sich aber selbst bei einfachstem Bau, nämlich dann, wenn Q und F konstant sind, als nicht integrabel. Erst wenn man den Sonderfall noch mehr begrenzt, indem man F konstant annimmt und gleichzeitig $Q = 0$ setzt, ist eine, wenn auch nur einmalige Integration möglich. Dieser Sonderfall [Gleichung (1) für $F =$ konstant!] ist, wie bereits entwickelt, gegeben, **wenn der Wasserzulauf vom Wasserschloß zu den Turbinen plötzlich vollkommen abgesperrt wird und wenn weder ein Auslaß noch ein Überfall im Wasserschloß vorhanden ist** (entsprechend der Bedingung $Q = 0$). Eine einmalige Integration ergibt für diesen Sonderfall z aus $\dfrac{dz}{dt}$ [*].

---

[*] Prásil: a.a.O. — Grammel: Zur Theorie der Schwingungen im Wasserschloß. Z. f. d. ges. Turbinenwesen 1913. — Forchheimer: Hydraulik. S. 353ff. Leipzig und Berlin 1914.

Auf diese Weise ist es möglich, die größte Erhebung $z_{e\,max}$, die der Wasserspiegel im Wasserschloß über den Stauweiherspiegel vollführt, zu ermitteln, wenn man die Größen f, L, F und γ fest gewählt hat. Denn für den Augenblick, in welchem z seinen Höchstwert $z_{e\,max}$ annimmt, wird $\dfrac{dz}{dt} = 0$, woraus sich eine Bestimmungsgleichung für das gesuchte z ergibt. Diese Bestimmungsgleichung lautet[1]:

$$(1 + \varrho \cdot z_{e\,max}) - \log\mathrm{nat}\,(1 + \varrho \cdot z_{e\,max}) = (1 + \varrho \cdot h_a). \qquad (3)$$

Hierin bedeuten

$$\varrho = 2 \cdot \chi \cdot \frac{g \cdot F}{L \cdot f}$$

und

$$h_a = \chi \cdot v_a^2 .$$

v_a entspricht dabei der Wassergeschwindigkeit im Stollen vor Absperren der Druckrohrleitung, wobei $v_a = \dfrac{Q_a}{f}$, wenn Q_a die durch den Stollen denTurbinenzufließende Wassermenge vor dem Absperren der Druckrohrleitung bedeutet. h_a stellt demnach den Druckhöhenverlust im Druckstollen dar für die Wasserführung Q_a.

Gleichung (3) enthält nach den vorstehenden Ausführungen als einzige Unbekannte die Größe $z_{e\,max}$. Letztere läßt sich ohne sonderliche Schwierigkeiten durch einige Versuchsrechnungen ermitteln oder nach dem

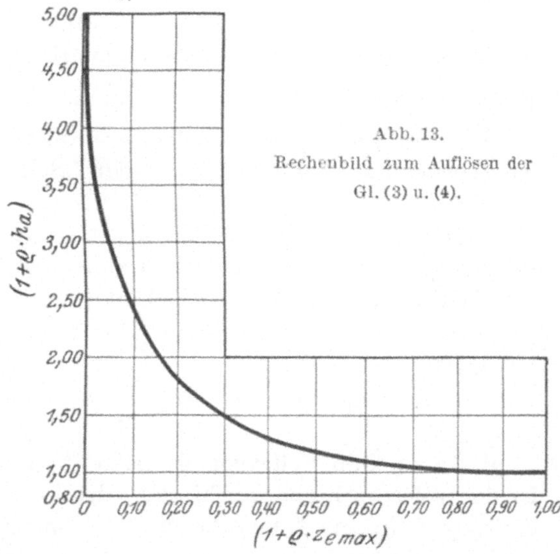

Abb. 13.
Rechenbild zum Auflösen der
Gl. (3) u. (4).

Vorschlage Kuhns mit Hilfe des in Abb. 13 wiedergegebenen Rechenbildes.

Da bei der Dimensionierung eines Wasserschlosses vom größten Wert $z_{e\,max}$ auszugehen ist, der im Betrieb überhaupt auftreten kann, letzterer sich aber ergibt, wenn die auf Vollast laufende Anlage plötzlich vollkommen abgestoppt wird durch Absperren des Wasserzuflusses durch die Druckrohrleitung, ist $Q_a = Q_0$ zu setzen, womit $h_a = h_0$ wird.

---

[1] Forchheimer: Hydraulik. S. 355.

Die Bewegungen des Wasserspiegels im Wasserschloß gehen **für den Fall des plötzlichen Abschlusses**, so lange $h = \chi \cdot v^2$ gesetzt wird (und in der vorliegenden Abhandlung wird grundsätzlich nur diese Annahme zugrunde gelegt), stets als Schwingungen vor sich, welche **gedämpft** verlaufen. Zwischen dem ersten und zugleich maximalen Ausschlag $z_{e\max}$ und den darauffolgenden weiteren Schwingungsausschlägen z_1, z_2, z_3, z_4 usw. bestehen folgende Beziehungen:

$$\left.\begin{aligned}
(1 - \varrho \cdot z_1) - \log \mathrm{nat}\,(1 - \varrho \cdot z_1) &= (1 - \varrho \cdot z_{e\max}) - \log \mathrm{nat}\,(1 - \varrho \cdot z_{e\max}) \\
(1 + \varrho \cdot z_2) - \log \mathrm{nat}\,(1 + \varrho \cdot z_2) &= (1 + \varrho \cdot z_1) - \log \mathrm{nat}\,(1 + \varrho \cdot z_1) \\
(1 - \varrho \cdot z_3) - \log \mathrm{nat}\,(1 - \varrho \cdot z_3) &= (1 - \varrho \cdot z_2) - \log \mathrm{nat}\,(1 - \varrho \cdot z_2) \\
(1 + \varrho \cdot z_4) - \log \mathrm{nat}\,(1 + \varrho \cdot z_4) &= (1 + \varrho \cdot z_3) - \log \mathrm{nat}\,(1 + \varrho \cdot z_3) \\
\text{usw.} &
\end{aligned}\right\} \quad (4)$$

Hat man $z_{e\max}$ mit Hilfe von Gleichung (3) berechnet, so können demnach die Werte z_1, z_2, z_3, $z_4 \ldots$ der folgenden Ausschläge auf Grund der Gleichungen (4) ermittelt werden, deren Auflösung sinngemäß in gleicher Weise erfolgt wie jene der Gleichung (3).

Da sich eine nochmalige Integration der früher erwähnten Gleichung für $\dfrac{dz}{dt}$, wodurch sich z als Funktion von t ergeben würde, als undurchführbar herausstellt, läßt sich der Zeitpunkt, wann die einzelnen Schwingungsausschläge auftreten, aus den Schwingungsgleichungen nicht herleiten.

Näherungsweise läßt sich die Zeitdauer T, welche der Wasserschloßspiegel braucht, um von der Ausgangslage bis zum ersten $z_{e\max}$ bei plötzlichem, vollkommenem Abschluß (oder bei momentaner Belastungszunahme von $Q = 0$ bis $Q = Q_0$ bis $z_{a\max}$) zu schwingen, wie folgt ermitteln:

$$T = \left(1 + \frac{0{,}005 \cdot F}{f}\right) \frac{\pi}{2} \cdot \sqrt{\frac{F \cdot L}{f \cdot g}} \quad \text{(Sekunden)} . \qquad (5)$$

Will man den Schwingungsverlauf möglichst genau verfolgen oder ist der Wasserschloßquerschnitt **nicht** konstant, so bedient man sich der sogenannten **Intervallrechnung** (numerische Integration). Man führt in die Gleichungen (1) bzw. (1a) und (2) statt der Differentiale dt, dz und dv die endlichen Differenzen $\varDelta t$, $\varDelta z$ und $\varDelta v$ ein und erhält für den Fall des plötzlichen, vollkommenen Abschlusses der Turbinen[1]:

$$- \varDelta z = \frac{f}{F} \cdot v \cdot \varDelta t , \qquad\qquad (\mathrm{I})$$

$$\varDelta v = \frac{g}{L} (z - h) \cdot \varDelta t . \qquad\qquad (\mathrm{II})$$

---

[1] Vgl. die in dieser Weise für Belastungszunahme durchgerechneten Beispiele von Geh. Rat o. Prof. Dr. K. Pressel in Nr. 5 der Schweiz. Bauzg. v. 30. Jan. 1909, Bd. 53, S. 57 ff.

Für ein angenommenes Δt läßt sich nun Δz aus (I) ermitteln. Da $z = \Sigma \Delta z$, ergibt sich mit dem gleichen Δt aus (II) dann Δv.

Im Falle einer plötzlichen teilweisen Entlastung tritt lediglich an die Stelle der Gleichung (1) (I) die Gleichung (1a) (Ia). Der Rechnungsverlauf bleibt derselbe. Wird die Ermittlung der maximalen Spiegelerhebung mit Hilfe der Gleichung (3) S. 31 unbequem, weil das Produkt $\varrho \cdot z_{e\,max}$ sehr klein wird, so kann man statt dieser Gleichung nach Vogt auch folgende gut stimmende und, weil diese Beziehung keine Versuchsrechnungen erfordert, rascher zum Ziele führende Näherungsformel benützen:

$$x_{max} = \sqrt{\varepsilon + \left(\frac{1+\varepsilon}{2+3\cdot\varepsilon}\right)^2} - \frac{1+2\cdot\varepsilon}{2+3\cdot\varepsilon}, \qquad (6)$$

wobei

$$x_{max} = \frac{z_{e\,max}}{h_0},$$

wenn $z_{e\,max}$ die maximale Spiegelerhebung über die nachfolgende Ruhelage ($=$ Stauweiherspiegel) bezeichnet und

$$\varepsilon = \frac{L \cdot f \cdot v_0^2}{g \cdot F \cdot h_0^2},$$

also

$$z_{e\,max} = \left[\sqrt{\varepsilon + \left(\frac{1+\varepsilon}{2+3\cdot\varepsilon}\right)^2} - \frac{1+2\cdot\varepsilon}{2+3\cdot\varepsilon}\right] \cdot h_0 \quad \text{(Meter)}. \qquad (6a)$$

Eine weitere Näherungsformel für $z_{e\,max}$ geben Schmitthenner und Haller durch folgenden Ansatz

$$z_{e\,max} = (v_1 - v_2) \cdot \sqrt{\frac{f \cdot L}{F \cdot g}} - \frac{h}{2} \quad \text{(Meter)}. \qquad (7)$$

Hierin bedeuten v_1 anfängliche, v_2 schließliche Stollengeschwindigkeit und h den gesamten Druckhöhenverlust zwischen Wasserfassung und Wasserschloß im Endbeharrungszustand.

Diese Näherungsformel gestattet also auch, den maximalen Spiegelausschlag für eine Teilentlastung zu ermitteln.

β) Plötzliche Belastungssteigerung. Es wurde bereits darauf hingewiesen, daß für den Fall der momentanen Belastungssteigerung der Turbinen nach Betriebsstillstand eine strenge Lösung der Schwingungsgleichungen noch nicht besteht, wenn die Reibung korrekt proportional dem Quadrat der Geschwindigkeit im Stollen gesetzt wird. Doch läßt sich für angenommene Betriebsverhältnisse und Wasserschloßdimensionen mit Hilfe der schrittweisen Lösung der Schwingungsgleichungen durch Intervallrechnung der Schwingungsverlauf verfolgen. Führt man in die Gleichungen wiederum statt der Differentiale die entsprechenden endlichen Differenzen ein, so lauten dieselben:

$$- \Delta z = \frac{f \cdot v - Q}{F} \cdot \Delta t, \qquad (Ia)$$

$$\Delta v = \frac{g}{L}(z - h) \cdot \Delta t. \qquad (II)$$

Der Rechnungsvorgang ist analog jenem bei plötzlicher vollkommener Entlastung und führt stets zum Ziele. Freilich ist jede solche Rechnung, auch wenn sie nur bis zur tiefsten Absenkung $z_{a\max}$ geführt wird, umständlich und zeitraubend, und man hat deshalb auch für diese Belastungsfälle für die maximalen Spiegelausschläge empirische Formeln aufgestellt.

Für den Fall plötzlicher totaler Belastungszunahme von $Q = 0$ bis auf $Q = Q_0$ gibt Aksnes[1] die sehr gut stimmende empirische Formel an:

$$z_{a\max} = h_0 \cdot \left[\sqrt{\varepsilon} + 0,1 + \frac{0,05}{\varepsilon} \right] \text{ (Meter)} . \qquad (8)$$

Diese Formel hat praktisch deshalb wenig Bedeutung, weil eine plötzliche totale Belastungszunahme, wie schon weiter oben ausgeführt wurde[2], bei Hochdruckwasserkraftanlagen wegen der Aufteilung der Maschinenleistung in mehrere Einheiten meist nicht in Frage kommt.

Um auch teilweise Belastungszunahme mit zu erfassen, hat Vogt[3] nachstehende empirische Formel entwickelt:

$$x_{\max} = \frac{z_{a\max}}{h_0} = 1 + \left[\sqrt{\varepsilon - 0,275\sqrt{n}} + \frac{0,05}{\varepsilon} - 0,9 \right] (1 - n)\left(1 - \frac{n}{\varepsilon^{0,62}}\right), \qquad (9)$$

wenn n den Belastungsgrad, nach Wasserverbrauch gerechnet, angibt, also $n = \dfrac{Q}{Q_0}$.

Diese Beziehung liefert für praktische Zwecke vollständig genügende Genauigkeit. Für $n = 0$, d. h. für $Q = 0$ (momentane totale Belastungszunahme) geht Gleichung (9) wieder in Gleichung (8) über.

Eine weitere sehr gut stimmende Näherungsformel für $z_{a\max}$ bei teilweiser Belastungszunahme wurde von E. Braun aufgestellt. Doch geht sie auch wieder vom Betriebsstillstand aus und hat deshalb nur begrenzte Verwendungsmöglichkeit. Nach Braun hat man zunächst die Hilfsgröße s zu ermitteln, welche das Kriterium für den Verlauf der Spiegelbewegung angibt. Diese Hilfsgröße lautet:

$$s = \chi \cdot \frac{Q}{f} \cdot \sqrt{\frac{g \cdot F}{L \cdot F}} , \qquad (10)$$

wenn Q die den Turbinen zugeführte Wassermenge nach Aufhebung des Betriebsstillstandes angibt. Der Wasserschloßquerschnitt F ist auch hier als konstant vorausgesetzt.

Ist $s < 1,0$, so treten Schwingungen auf, die dann stets gedämpft verlaufen. Die Schwingungen wiederholen sich so lange um den End-

---

[1] Tekn. Ukebl., Kristiania 1914.

[2] Vgl. den Abschnitt: Forderungen an das Wasserschloß, Ziff. 3 dieser Abhandlung.

[3] Vogt: a. a. O. S. 48.

beharrungswasserspiegel, bis eine vollkommene Angleichung des Wasserspiegels an diesen für Q m³/sec Turbinenschluckwassermenge erreicht ist.

Ist $1,0 \leq s < 1,24$, so kommt eine aperiodische Bewegung mit einmaliger Durchquerung der Endlage zustande. Der Wasserspiegel beginnt, ausgehend von der Höhe $z = 0$, zu fallen, durchschneidet seine spätere Endlage $z = h = \chi \cdot \left(\dfrac{Q}{f}\right)^2$, erreicht den Tiefstand $z_{a\max}$, steigt wieder empor und gleicht sich hierauf, von unten kommend, der Endlage an, ohne diese nochmal zu durchqueren.

Ist $s \geq 1,24$, so tritt eine aperiodische Bewegung ohne Durchquerung der Endlage ein: ausgehend von der Höhe $z = 0$, sinkt der Wasserspiegel stetig nieder, bis er schließlich, von oben kommend, seine Endlage $z = h = \chi \cdot \left(\dfrac{Q}{f}\right)^2$ erreicht, ohne diese auf seinem Wege unterschritten zu haben.

Die größte Absenkung $z_{a\max}$, welche der Wasserspiegel im Wasserschloß unter die vorhergegangene Ruhelage (hier gleich Wasserfassungsspiegel, Stauweiheroberfläche) ausführt, ergibt sich nun wie folgt:

Ist die Hilfsgröße $s < 1,24$, dann wird

$$z_{a\max} = \frac{s}{\varrho} \cdot \left[s + \sqrt{s^2 - 3{,}24 \cdot s + 4}\right] \text{(Meter)}, \tag{11}$$

wobei ϱ wie in Gleichung (3) bedeutet:

$$\varrho = 2 \cdot \chi \cdot \frac{g \cdot F}{L \cdot f}.$$

Ist dagegen die Hilfsgröße $s \geq 1,24$, dann wird

$$z_{a\max} = h_{\text{für } Q\text{ m³/sec}} = \chi \cdot \left(\frac{Q}{f}\right)^2 = \chi \cdot v^2 \text{ (Meter)}. \tag{11a}$$

Die tiefste Absenkung ist in diesem letzteren Fall, wie schon oben ausgeführt, gleich der Ordinate des Wasserspiegels, wie er sich im nachfolgenden Beharrungszustand einstellt.

Schließlich sei noch die Näherungsformel von Schmitthenner und Haller für den Fall der Belastungssteigerung angegeben. Sie lautet:

$$z_{a\max} = (v_1 - v_2) \cdot \sqrt{\frac{f \cdot L}{F \cdot g}} - \frac{h}{4} \text{ (Meter)}. \tag{12}$$

Darin bedeuten wieder (wie in Gleichung 7) v_1 anfängliche, v_2 schließliche Stollengeschwindigkeit und h den gesamten Druckhöhenverlust zwischen Wasserfassung und Wasserschloß im Endbeharrungszustand. Diese Näherungsformel geht also nicht von einem Betriebsstillstand aus, sondern erlaubt die Ermittlung der Spiegelabsenkung beim Übergang von kleinerer auf größere Belastung. Die sich ergebenden Werte sind um wenige Prozent zu groß, also sichergehend.

3*

Der Vollständigkeit halber sei noch darauf hingewiesen, daß an Stelle der numerischen Integration der Schwingungsgleichungen auch deren zeichnerische Auflösung möglich ist[1].

3. Schachtwasserschloß mit Überfall.

Ist das Schachtwasserschloß mit einem Überfall ausgerüstet, wobei das Überfallwasser ungehindert in einem Seitenrinnsal abfließen kann, dann ist in Gleichung (1a)

$$- dz = \frac{dt}{F} \left(f \cdot v - Q \right),$$

$$Q = Q_{\ddot{u}}$$

zu setzen, wobei

$$Q_{\ddot{u}} = \frac{2}{3} \mu B \cdot \sqrt{2g} \left(\left| -z + a \right| \right)^{\frac{3}{2}}$$

(vgl. Abb. 12). Die algebraische Summe $-z+a$, ist mit ihrem absoluten Wert einzuführen, daher die Schreibweise $(\left| -z+a \right|)$.

Wählt man der Sicherheit halber $\mu = 0{,}63$ (kantige Überfallkrone), dann wird

$$Q_{\ddot{u}} = \frac{2}{3} \cdot 0{,}63 \cdot 4{,}43 \cdot B \cdot \left(\left| -z + a \right| \right)^{\frac{3}{2}}$$

$$Q_{\ddot{u}} = 0{,}93 \cdot B \cdot \left(\left| -z + a \right| \right)^{\frac{3}{2}}$$

und

$$- dz = \frac{dt}{F} \left[f \cdot v - 0{,}93 \cdot B \cdot \left(\left| -z + a \right| \right)^{\frac{3}{2}} \right].$$

Für die numerische Integration lauten dann die beiden Schwingungsgleichungen

$$- \Delta z = \frac{\Delta t}{F} \cdot \left[f \cdot v - 0{,}93 \cdot B \cdot \left(\left| -z + a \right| \right)^{\frac{3}{2}} \right], \tag{13}$$

$$\Delta v = \frac{g}{L} \cdot (z - h) \cdot \Delta t, \tag{14}$$

Für ein angenommenes B und eine gewählte Höhenlage a der Überfallkrone über dem Seespiegel läßt sich mit Hilfe dieser beiden Gleichungen der Schwingungsverlauf, insbesondere die maximale Spiegelerhebung und deren Zulässigkeit im Rahmen des Gesamtprojektes überprüfen. Erreicht der Spiegelausschlag im Schacht einen unerwünschten Wert, so ist die Größe B oder a, oder es sind beide gleichzeitig zu ändern und die Rechnung zu wiederholen.

---

[1] Mühlhofer: Zeichnerische Bestimmung der Spiegelbewegung in Wasserschlössern von Wasserkraftanlagen mit unter Druck durchflossenem Zulaufgerinne. Berlin: Julius Springer 1924. — Schoklitsch: Über die Bemessung von Wasserschlössern. Wasserkraftjahrbuch 1925/26 S. 214ff.

Zur Vereinfachung dieses umständlichen Dimensionierungsverfahrens hat Vogt für den Fall des plötzlichen, vollkommenen Absperrens der Druckrohrleitung nachstehende Näherungsformeln aufgestellt:

Größte Überlaufwassermenge:

$$Q_{\ddot{u}\,max} = y_0 \cdot \mathfrak{a} \cdot \mathfrak{z}_m^{1,5} \cdot Q_0 \,. \tag{15}$$

Die einzelnen Größen haben folgende Bedeutung:

$$y_0 = \sqrt{x_0 + \frac{\varepsilon}{2} - \frac{\varepsilon}{2} \cdot e^{-\frac{2}{\varepsilon}(1-x_0)}} \,, \tag{16}$$

wenn $x_0 = \dfrac{a}{h_0}$ (wobei a bei Lage der Überfallkrone über Wasserfassungsspiegel mit dem Minuszeichen einzuführen ist) und $\varepsilon = \dfrac{\varkappa \cdot L \cdot f \cdot v_0^2}{g \cdot F \cdot h_0^2}$ (vgl. Gleichung III).

Setzt man

$$\mathfrak{a} = \frac{1,85 \cdot B \cdot h_0^{\frac{3}{2}} \cdot y_0^2}{Q_0} \,, \tag{17}$$

$$\mathfrak{b} = \frac{\varepsilon}{y_0^2} \,, \tag{18}$$

$$\mathfrak{z}_0 = \frac{-x_0}{y_0^2} = -\frac{a}{h_0 \cdot y_0^2} \,, \tag{19}$$

$$\mathfrak{z}_{max} = \frac{\text{max. Überfallhöhe in Metern}}{h_0 \cdot y_0^2} \,,$$

so wird nach Vogt angenähert:

$$\mathfrak{a} \cdot \mathfrak{z}_{max}^{1,5} = 1 - \left(\frac{1 + 0,75 \cdot \mathfrak{z}_0}{1 + 0,75 \cdot \mathfrak{z}_0 + 0,47 \cdot \mathfrak{a} \cdot \mathfrak{b}} \right)^{0,75} \,. \tag{20}$$

Damit erhält man den absoluten Wert von $|x_m|$ mit:

$$|x_m| = |x_0| + \mathfrak{z}_{max} \cdot y_0^2$$

oder mit Einführung der Quotienten für x_m und x_0:

$$\left| \frac{z_{max}}{h_0} \right| = \frac{a}{h_0} + \mathfrak{z}_{max} \cdot y_0^2 \,,$$

somit maximale Spiegelerhebung über dem nachfolgenden Beharrungswasserspiegel

$$|z_{max}| = |a| + \mathfrak{z}_{max} \cdot y_0^2 \cdot h_0 \,. \tag{21}$$

Der Summand $\mathfrak{z}_{max} \cdot y_0^2 \cdot h_0$ gibt den absoluten Wert der Höhe des überfallenden Wassers an.

Im praktischen Rechenfalle wird man wohl meist zunächst die zulässige maximale Spiegelerhebung $z_{e\,max}$ über dem nachfolgenden Beharrungsspiegel (= Seespiegel) und außerdem die Höhenlage der Krone des Überfalls festlegen. Dann hat man eine Überfallbreite B so anzunehmen und in Gleichung (17) einzusetzen, daß Gleichung (21) das festgelegte $z_{e\,\text{max}}$ ergibt. Mehrere Versuchsrechnungen unter Benutzung der Gleichungen (16) mit (20) führen rasch zur Ermittlung des passenden Wertes B.

Geht man aus konstruktiven oder sonstigen betrieblichen Gründen von einem fest angenommenen B und einem fest gewählten a aus, so führt die Benützung der Gleichungen (17) mit (21) unmittelbar zur Bestimmung der maximalen Spiegelerhebung $z_{e\,\text{max}}$.

In allen Fällen, in welchen die Krone des Überlaufs in Höhe des höchsten Seespiegels ($=$ Wasserfassungsspiegel) liegt und die maximale Betriebswassermenge sehr groß ist, wird $Q_{\ddot{u}\,\text{max}}$ nahezu gleich Q_0, so daß man zur angenäherten Bestimmung des B von Q_0 ausgehen kann. Das gleiche gilt natürlich auch für alle jene Fälle der Praxis, in denen man keine Veranlassung hat, den Überfall möglichst sparsam zu dimensionieren, d. h. an Überfallbreite zu sparen.

4. Kammerwasserschloß.

a) Plötzliche vollkommene Belastungsabnahme. α) **Obere Kammer ohne Überfall.** Beim Kammerwasserschloß ohne Überfall in der oberen Kammer handelt es sich im Prinzip um ein Schachtwasserschloß mit **sprungweise veränderlichem** Schachtquerschnitt. Der Grenzfall wäre gegeben bei dem idealisierten Kammerwasserschloß (vgl. S. 13), bei welchem der Schacht den Querschnitt $= 0$ und die obere Kammer eine unendlich kleine Höhe hätte. Für dieses idealisierte Kammerwasserschloß wäre der Kammerinhalt V_K in m³ bei plötzlichem, vollkommenem Abschluß nach Vogt[1]

$$V_K = \frac{1}{2} \ln\left(1 + \frac{1}{x_{\text{max}}}\right) \cdot \frac{\varkappa \cdot L \cdot f \cdot v_0^2}{g \cdot h_0}, \tag{22}$$

wenn die Kammer in der Höhe $z_{e\,\text{max}}$ über dem Fassungsspiegel angelegt würde und wobei wieder

$$|x_{\text{max}}| = \frac{z_{e\,\text{max}}}{h_0}$$

mit seinem absoluten Zahlenwerte einzuführen wäre.

Für das Kammerwasserschloß mit **endlichem** Schachtquerschnitt und **endlicher** Kammerhöhe (ε also sprungweise veränderlich) hat Vogt[2] für den Fall des vollständigen und augenblicklichen Absperrens des Wasserverbrauches die empirische Formel für die Wasserzufuhr y abgeleitet:

$$y^2 = \left[\frac{\varepsilon}{2} + x\right] + \left[y_1^2 - \frac{\varepsilon}{2} - x_1\right] \cdot e^{-\frac{2}{\varepsilon}(x_1 - x)}. \tag{23}$$

---

[1] Vgl. Vogt a. a. O. S. 35 u. 36.   [2] Vgl. Vogt a. a. O. S. 29 ff.

Der Schwingungsvorgang geht nun so vor sich, daß das Wasser zunächst im Schacht, für welchen entsprechend seinem Querschnitt $\varepsilon = \varepsilon_1$ ist, emporsteigt, bis es den Kammerboden erreicht (1. Stadium).

Dann steigt der Spiegel weiter, indem er sich in der ganzen Kammer, für welche entsprechend ihrem Querschnitt $\varepsilon = \varepsilon_2$ ist, ausbreitet, bis er den Maximalwert $z_{e\,max}$ über dem Seespiegel erreicht, wenn der Wasserzufluß von der Wasserfassung aufhört (2. Stadium).

Die Berechnung wird nun so durchgeführt, daß man mit Gleichung (23) zunächst das Stadium 1 erfaßt und dann dieselbe Gleichung für Stadium 2 ansetzt unter Verwertung der für das Stadium 1 ermittelten Werte.

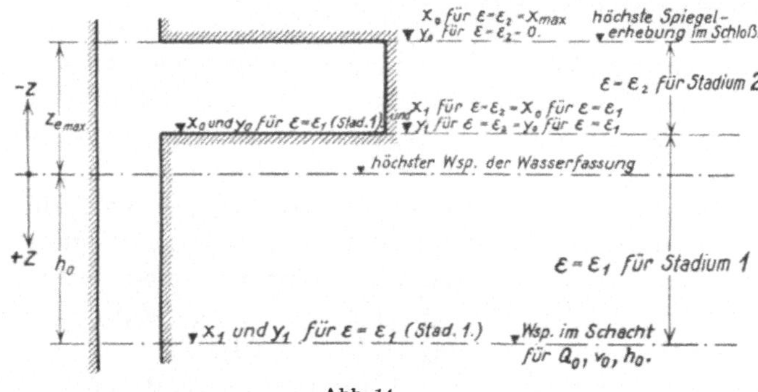

Abb. 14.

Wie aus Abb. 14 zu entnehmen ist, beziehen sich die Verhältniswerte x_1 und y_1 der Gleichung (23) jeweils auf die Anfangslage des Wasserspiegels für die beiden Schwingungsstadien. Nun ergibt sich:

Stadium 1 $(\varepsilon = \varepsilon_1)$:

Anfangsspiegel = Wasserspiegel im Schacht für Q_0, v_0, h_0; daher

$$z_0 = h_0 \quad \text{und} \quad x_1 = \frac{z_0}{h_0} = 1$$

$$v = v_0 \quad \text{und} \quad y_1 = \frac{v_0}{v_0} = 1.$$

Somit geht Gleichung (23) für die Wasserzufuhr y_0 über in

$$y_0 = \sqrt{\frac{\varepsilon_1}{2} + x_0 - \frac{\varepsilon_1}{2} \cdot e^{-\frac{2}{\varepsilon_1} \cdot (-x_0)}}, \tag{23a}$$

$$\text{wobei} \quad x_0 = \frac{z}{h_0}.$$

z und damit x_0 werden negativ, wenn der Kammerboden über dem höchsten Wasserstand in der Wasserfassung liegt.

Stadium 2 ($\varepsilon = \varepsilon_2$):

Der Anfangswasserspiegel für das weitere Steigen des Wassers liegt jetzt in der Höhe des Kammerbodens. Es ist also jetzt

$$x_1 = x_0 \text{ des 1. Stadiums und}$$

$$y_1 = y_0 \text{ des 1. Stadiums.}$$

Der Spiegel wird seinen Maximalwert $x_{max} = \dfrac{z\,e_{max}}{h_0}$ erreichen, wenn die Wasserzufuhr von der Wasserfassung her zum Stillstand kommt, also y_0 für $\varepsilon = \varepsilon_2 = 0$ wird.

Damit ergibt sich:

$$y_{0_{\varepsilon_2}}^2 = 0 = \frac{\varepsilon_2}{2} + x_{max} + \left[y_{0_{\varepsilon_1}}^2 - \frac{\varepsilon_2}{2} - x_{0_{\varepsilon_1}} \right] \cdot e^{-\frac{2}{\varepsilon_2}(x_{0_{\varepsilon_1}} - x_{max})}. \tag{23 b}$$

In Gleichung (23b) sind bei angenommenen Schacht- und Kammerdimensionen alle Werte bekannt bis auf das x_{max}. Es läßt sich also durch Versuchsrechnung dieser Wert und damit $z_{e\,max} = x_{max} \cdot h_0$ (Meter) berechnen.

Ist man dagegen auf ein bestimmtes $z_{e\,max}$, also auf ein x_{max} festgelegt, so ist in Gleichung (23b) der Wert ε_2 unbekannt, diese Gleichung also nach diesem Werte durch Versuchsrechnung aufzulösen. Aus dem gefundenen ε_2 ergibt sich dann der notwendige horizontale Kammerquerschnitt $F_{g\,r}$ mit Gleichung (IIIa) (S. 23).

Ändert sich der horizontale Kammerquerschnitt mit der Höhe, so führt man einen konstanten Ersatzquerschnitt für die Kammer ein. Dieser Ersatzquerschnitt wird so bestimmt, daß das statische Moment des Rauminhaltes aus diesem Ersatzquerschnitt um den Betriebswasserspiegel für Q_0, v_0, h_0 gleich ist dem statischen Moment des Rauminhaltes für den veränderlichen Kammerquerschnitt.

Die Nachprüfung der mit empirischen Formeln erhaltenen Werte kann durch numerische Integration erfolgen, wozu je nach den Verhältnissen die Gleichungen (1) und (2) oder (1a) und (2) (S. 25 u. 26) Verwendung finden. Hierbei ist F jeweils mit dem Werte einzusetzen, welcher dem zugehörigen Schwingungsspiegel entspricht.

Praktisch wird die Füllung der Kammer vom Schacht her durch eine Art flach verlaufender Schwallwelle erfolgen, wogegen bei dem vorskizzierten Rechnungsgang der Spiegel im Schacht und in der Kammer jeweils gleich hoch angesehen wird. Um ein Bild darüber zu gewinnen, wie sich die eine oder andere Annahme auf die maximale Spiegelerhebung $z_{e\,max}$ oder, was dasselbe besagt, auf den Verhältniswert x_{max} auswirkt, wurden für den einen und denselben Fall beide Annahmen zahlenmäßig verfolgt. Es stellte sich dabei heraus, daß die Annahme der dauernden Ausspiegelung zwischen Schacht und Kammer zu einem höheren Kammerspiegel führt, als bei Berechnung mit der Überfallformel. Dagegen ergibt sich in beiden Fällen der gleiche Wert für $z_{e\max}$. Die Annahme einer dauernd vorhandenen Ausspiegelung zwischen Kammer und Schacht kann also für die numerische Integration als die einfachere und sichergehende Annahme Verwendung finden (vgl. Abb. 15).

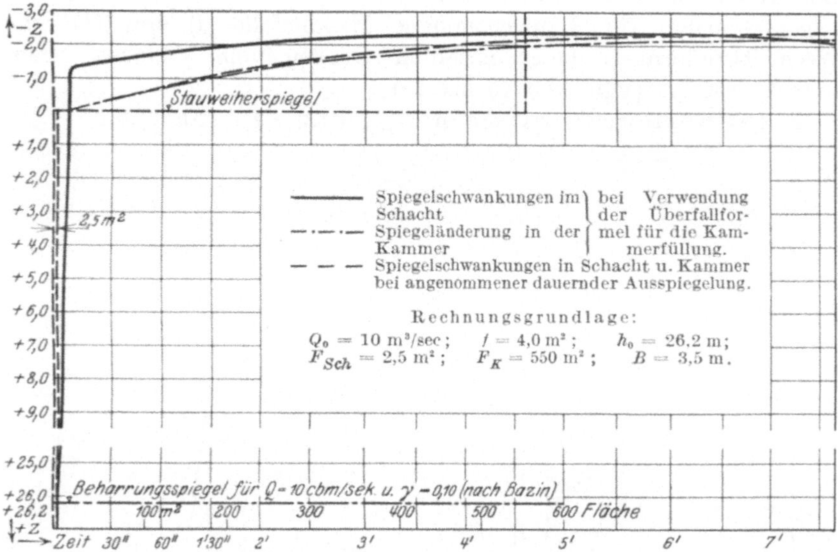

Abb. 15. Wasserschloß mit Kammer ohne Überfall.

β) Obere Kammer **mit** Überfall. 1. Rechnungsgang. Wird in die obere Kammer ein Überfall von der Überlaufbreite B eingebaut (vgl. die Ausführungen S. 13ff. und S. 36 bis 38), so ist zunächst für einen durch ε festgelegten Schachtquerschnitt die Wasserzufuhr y_0 mit Hilfe der Gleichung (16) (S. 37) zu rechnen. Für eine angenommene Höhenlage der Krone des Überfalls und eine festgelegte maximale Spiegelerhebung über den höchsten Seewasserspiegel $z_{e\max}$ läßt sich dann aus den Gleichungen (17) mit (21) durch Versuchsrechnung die Überfallbreite B ermitteln, welche mit der angenommenen Kronenlage x_0 und der festgelegten Maximalspiegellage $z_{e\max}$ ($x_{\max}$) übereinstimmt. Nunmehr ergibt sich der erforderliche Rauminhalt der Kammer in m³ zu

$$V_K = \left\{ \frac{1}{2} \ln \left[1 + \frac{y_0^2}{x_{\max} - 0,15 \cdot (\,|\,x_{\max}\,| - |\,x_0\,|\,)} \right] - \frac{|\,x_{\max}\,| - |\,x_0\,|}{\varepsilon} \right\}$$
$$\cdot \frac{\varkappa \cdot L \cdot f \cdot v_0^2}{g \cdot h_0} . \tag{24}$$

Da angenommen ist, daß die Überlaufkrone stets über dem höchsten vorkommenden Seespiegel liegen muß und damit selbstverständlich auch $x_{\max}$ und x_0 über diesen Seewasserstand hinausgehen, werden diese

Werte negativ. Gleichung (24) ist so geschrieben, daß diesen Vorzeichen bereits Rechnung getragen ist, so daß x_{max} und x_0 in dieselbe lediglich mit ihren absoluten Werten einzuführen sind, was zu beachten ist.

2. Beziehung zwischen den Rechnungsgrößen. Um den Einfluß der einzelnen Rechnungsgrößen auf den Kammerinhalt zu zeigen, wurden für 2 angenommene Extremfälle (I) und (II) die Wechselbeziehungen dieser einzelnen Größen vom Verfasser rechnerisch verfolgt (vgl. Abb. 16 bis 25).

Fall a) Beziehung zwischen x_{max} und V_K. (Abb. 16 u. 17.)

Die Kurve nähert sich mit zunehmendem $z_{e\,max}$ asymptotisch der x_{max}-Achse. Die Ersparnis an Kammerinhalt ist also mit zunehmendem $z_{e\,max}$ zunächst erheblich, nimmt

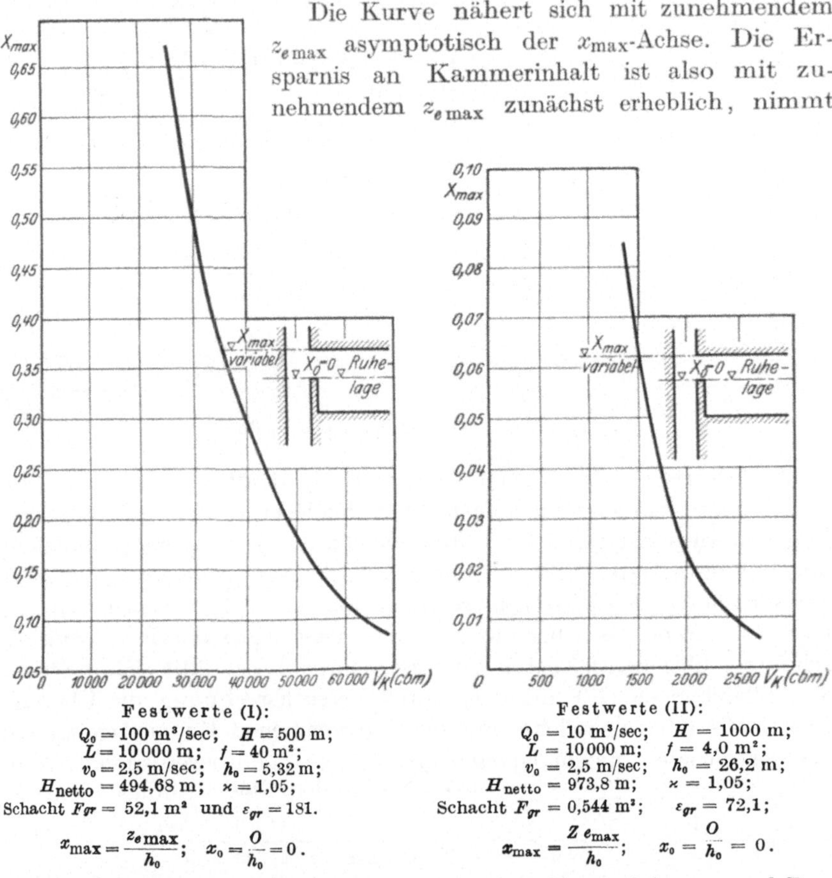

Festwerte (I):

$Q_0 = 100$ m³/sec; $H = 500$ m;
$L = 10\,000$ m; $f = 40$ m²;
$v_0 = 2{,}5$ m/sec; $h_0 = 5{,}32$ m;
$H_{netto} = 494{,}68$ m; $\varkappa = 1{,}05$;
Schacht $F_{gr} = 52{,}1$ m² und $\varepsilon_{gr} = 181$.

$$x_{max} = \frac{z_{e\,max}}{h_0}; \quad x_0 = \frac{O}{h_0} = 0.$$

Abb. 16. Beziehung zwischen x_{max} und V_K.

Festwerte (II):

$Q_0 = 10$ m³/sec; $H = 1000$ m;
$L = 10\,000$ m; $f = 4{,}0$ m²;
$v_0 = 2{,}5$ m/sec; $h_0 = 26{,}2$ m;
$H_{netto} = 973{,}8$ m; $\varkappa = 1{,}05$;
Schacht $F_{gr} = 0{,}544$ m²; $\varepsilon_{gr} = 72{,}1$;

$$x_{max} = \frac{Z_{e\,max}}{h_0}; \quad x_0 = \frac{O}{h_0} = 0.$$

Abb. 17. Beziehung zwischen x_{max} und V_K.

dann aber immer rascher ab. Im übrigen erkennt man, daß bei Lage der Schwellenkrone in Höhe der Ruhelage die Kammer sehr hoch und überdies der Kammerinhalt relativ groß würde.

Fall b) Beziehung zwischen x_0 und V_K. (Abb. 18, 19 u. 20.)

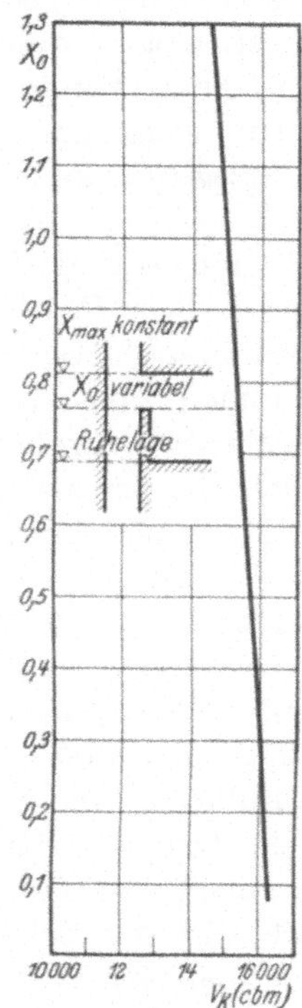

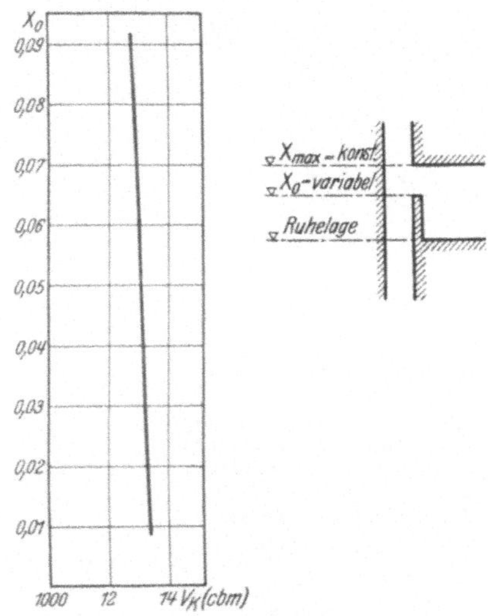

Der Kammerinhalt nimmt zwar mit wachsendem x_0 ab, doch nicht sonderlich ausgiebig. Dafür wächst aber die Überlaufbreite B entsprechend an und führt zu konstruktiven Schwierigkeiten.

Festwerte (I):

$Q = 100\,\mathrm{m^3/sec};\quad H = 500\,\mathrm{m};\quad L = 10\,000\,\mathrm{m};$
$f = 40\,\mathrm{m^2};\quad v_0 = 2{,}5\,\mathrm{m/sec};\quad h_0 = 5{,}32\,\mathrm{m};$
$H_{\mathrm{netto}} = 494{,}68\,\mathrm{m};\quad \varkappa = 1{,}05;$
$F_{Sch} = 60\,\mathrm{m^2}\quad \varepsilon = 157{,}2;$

$$x_{\mathrm{max}} = \frac{Z_{e\,\mathrm{max}}}{h_0} = \frac{-6{,}50}{5{,}32} = -1{,}22 \text{ konstant}$$

$$x_0 = \frac{Z_0}{h_0} = \text{variabel.}$$

Abb. 18. Beziehung zwischen x_0 und V_K.

Festwerte (II):

$Q_0 = 10\,\mathrm{m^3/sec};\quad H = 1000\,\mathrm{m};\quad L = 10\,000\,\mathrm{m};$
$f = 4{,}0\,\mathrm{m^2};\quad v_0 = 2{,}5\,\mathrm{m/sec};\quad h_0 = 26{,}2\,\mathrm{m};$
$H_{\mathrm{netto}} = 973{,}8\,\mathrm{m};\quad \varkappa = 1{,}05;$
$F_{Sch} = 0{,}626\,\mathrm{m^2};\quad \varepsilon = 62{,}68;$

$$x_{\mathrm{max}} = \frac{Z_{e\,\mathrm{max}}}{h_0} = \frac{-2{,}30}{h_0} = -0{,}088 = \text{konstant;}$$

$$x_0 = \frac{Z_0}{h_0} = \text{variabel.}$$

Abb. 19. Beziehung zwischen x_0 und V_K.

Fall c) Beziehung zwischen $\dfrac{x_{\mathrm{max}}}{x_0}$ und V_K. (Abb. 21, 22 u. 23.)

In diesem Falle ist die Konstruktionshöhe der Überlaufschwelle, sowie die Höhe der Kammer festgelegt gedacht, dagegen die Höhenlage der oberen Kammer über der Ruhelage (= höchstem Seespiegel) veränderlich. Die Rechnungen zeigen, daß die Hebung der Kammer innerhalb praktischer Grenzen zwecks Reduzierung des Kammerinhalts nur bei großen Werten ε ergiebig ist.

Fall d) Beziehung zwischen ε und V_K. (Abb. 24 u. 25.)

Obere Kammer der Höhenlage und der Größe nach festgelegt; F_{Sch} und damit ε veränderlich. Die Vergrößerung des Schachtquerschnittes (Verkleinerung des Wertes ε) beginnt sich hinsichtlich der Einsparung an Kammervolumen V_K erst sehr spät auszuwirken, so daß sie — wenn überhaupt — wohl nur da praktisch in Frage kommt, wo die Schachthöhe nicht groß ist, wo also die Spiegelschwankungen im Stausee klein sind.

3. **Richtlinien für die Dimensionierung.** Beim Entwerfen eines Kammerwasserschlosses mit Überlauf wird man zunächst auf Grund der gegebenen hydrotechnischen und örtlichen Lageverhältnisse den Minimumquerschnitt mittels der Gleichungen (IIIa) S. 23 bzw. (IIIb) S. 24 ermitteln. Bei kleiner Wassermenge und großem Gefälle wird dieser Minimumquerschnitt für normalen bergmännischen Aufbruch in vielen Fällen zu klein (vgl. als Beispiel die Fälle (II) mit $F_{gr} = 0,544\,\mathrm{m^2}$). In diesem Falle wird der Schachtquerschnitt auf ein für die Ausführung praktisches Maß gebracht, in den übrigen Fällen zum Minimumquerschnitt ein Zuschlag gegeben, über dessen Größe Näheres auf S. 24 aufgeführt ist. Wie die Untersuchungen hinsichtlich der Fälle d) zeigen, bringt die Vergrößerung des Schachtquerschnittes über das für die praktische Ausführung und für die erforderliche Sicherheit notwendige Maß hinaus keine wesentliche Reduzierung des Kammervolumens. Die Verkleinerung des Kammervolumens wird

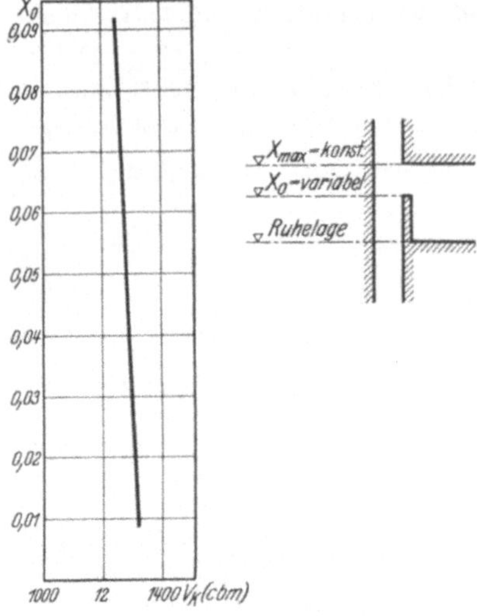

Festwerte (II):

$Q_0 = 10\,\mathrm{m^3/sec}$; $H = 1000\,\mathrm{m}$; $L = 10\,000\,\mathrm{m}$;
$f = 4{,}0\,\mathrm{m^2}$; $v_0 = 2{,}5\,\mathrm{m/sec}$; $h = 26{,}2\,\mathrm{m}$;
$H_\mathrm{netto} = 973{,}8\,\mathrm{m}$; $\varkappa = 1{,}05$;
$F_{Sch} = 1'5\,\mathrm{m}$; $\varepsilon = 62{,}68$,

$$x_\mathrm{max} = \frac{Z_{e\,\mathrm{max}}}{h_0} = \frac{-2{,}30}{h_0} = -\,0{,}088 \text{ konstant}$$

$$x = \frac{Z_0}{h_0} = \text{variabel.}$$

Abb. 20. Beziehung zwischen x_0 und V_K.

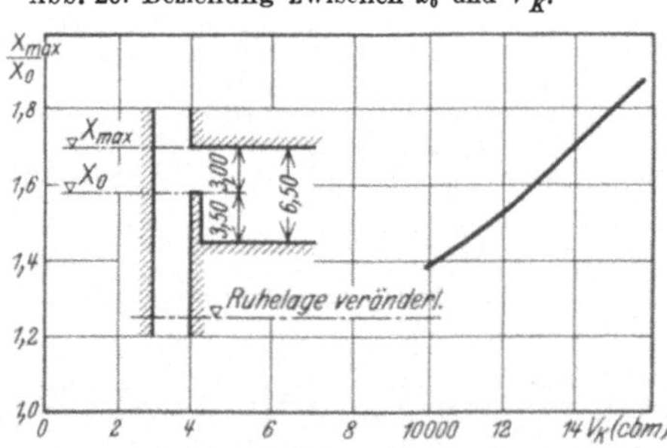

Festwerte (I):

$Q_0 = 100\,\mathrm{m^3/sec}$; $H = 500\,\mathrm{m}$; $L = 1000\,\mathrm{m}$;
$f = 40\,\mathrm{m^2}$; $v_0 = 2{,}5\,\mathrm{m/sec}$; $h_0 = 5{,}32\,\mathrm{m}$;
$H_\mathrm{netto} = 494{,}68\,\mathrm{m}$; $\varkappa = 1{,}05$;
$F_{Sch} = 60\,\mathrm{m^2}$; $\varepsilon = 157{,}2$.

Abb. 21. Beziehung zwischen $\dfrac{x_\mathrm{max}}{x_0}$ und V_K.

vielmehr durch die Vergrößerung des Schachtvolumens ausgeglichen. Nunmehr ist zu überlegen, welche maximale Spiegelerhebung man zulassen will, wie hoch man dementsprechend die Kammer über dem höchsten Seespiegel (= Ruhelage) anordnen will. Die zahlenmäßigen Untersuchungen für die beiden Fälle (I) und (II) weisen darauf hin, daß es für die Größe des Kammerinhaltes nicht günstig ist, mit dem Kammerboden unter die Ruhelage herunterzugehen. Es ist also nicht wirtschaftlich, die Schwellenkrone in die Höhe der Ruhelage zu setzen, wie es von anderer Seite als üblich angesehen wird. Ist der Minimumquerschnitt des Schachtes an und für sich schon groß (Fall I), so läßt sich durch

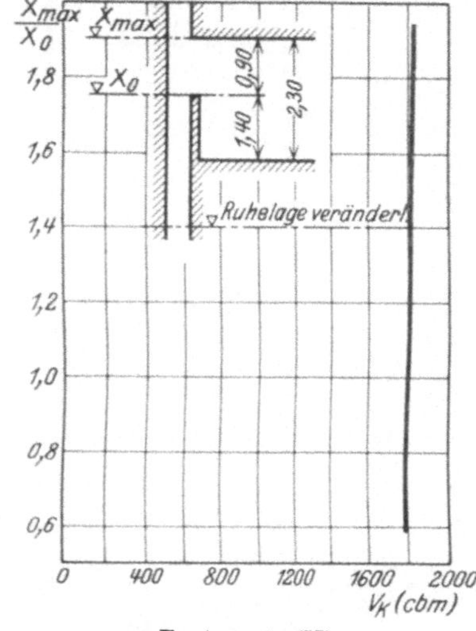
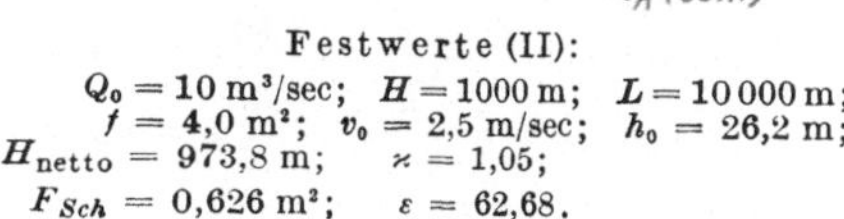

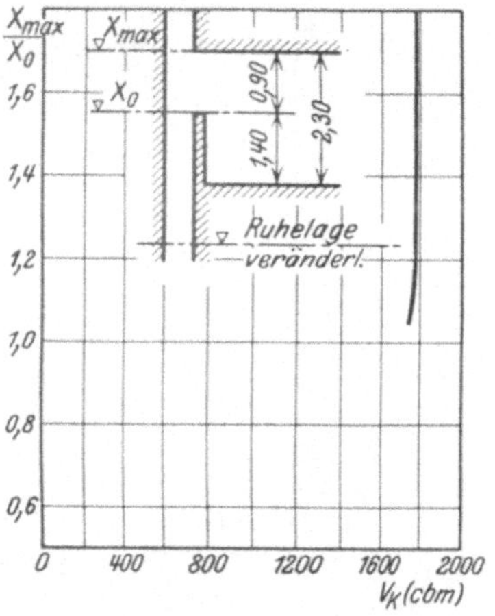

Festwerte (II):
$Q_0 = 10 \ \text{m}^3/\text{sec}$; $H = 1000 \ \text{m}$; $L = 10000 \ \text{m}$;
$f = 4,0 \ \text{m}^2$; $v_0 = 2,5 \ \text{m/sec}$; $h_0 = 26,2 \ \text{m}$;
$H_{\text{netto}} = 973,8 \ \text{m}$; $\varkappa = 1,05$;
$F_{Sch} = 0,626 \ \text{m}^2$; $\varepsilon = 62,68$.

Abb. 22. Beziehung zwischen $\dfrac{x_{\max}}{x_0}$ und V_K.

Festwerte (II):
$Q_0 = 10 \ \text{m}^3/\text{sec}$; $H = 1000 \ \text{m}$; $L = 10000 \ \text{m}$;
$f = 4,0 \ \text{m}^2$; $v_0 = 2,5 \ \text{m/sec}$; $h_0 = 26,2 \ \text{m}$;
$H_{\text{netto}} = 973,8 \ \text{m}$; $\varkappa = 1,05$;
$F_{Sch} = 2,5 \ \text{m}^2$; $\varepsilon = 15,69$.

Abb. 23. Beziehung zwischen $\dfrac{x_{\max}}{x_0}$ und V_K

Hebung des Kammerbodens über die Ruhelage eine merkbare Reduzierung des Kammerinhaltes erreichen (Fall I, c). Bei kleinem Schachtquerschnitt dagegen (vgl. Fall II, c) wirkt sich die Hebung der ganzen Kammer über den Ruhespiegel bezüglich des Kammerinhalts erst verhältnismäßig spät aus, so daß für solche Fälle davon Abstand genommen werden kann.

Für die Bemessung der Höhe der Überlaufschwelle wird es meist passen, dieselbe etwas größer als die halbe lichte Kammerhöhe zu wählen. Wie die Untersuchungen der Fälle b) zeigen, nimmt zwar V_K mit zunehmendem x_0 ab, es wächst aber andererseits die Überlaufbreite B bald auf ein praktisch unerwünscht großes Maß an. Nur wo man die obere Kammer als Galerie um den Schacht herum anordnen kann und dadurch eine große Überlaufbreite B gewinnt, ist es praktisch, x_0 groß zu machen.

Sind nach diesen allgemeinen Gesichtspunkten die Konstruktionsdispositionen für den Wasserschloßschacht und die obere Kammer getroffen, werden einige Versuchsrechnungen mit Hilfe der angegebenen empirischen Formeln bald Klarheit über die endgültig zu wählenden Maße bringen.

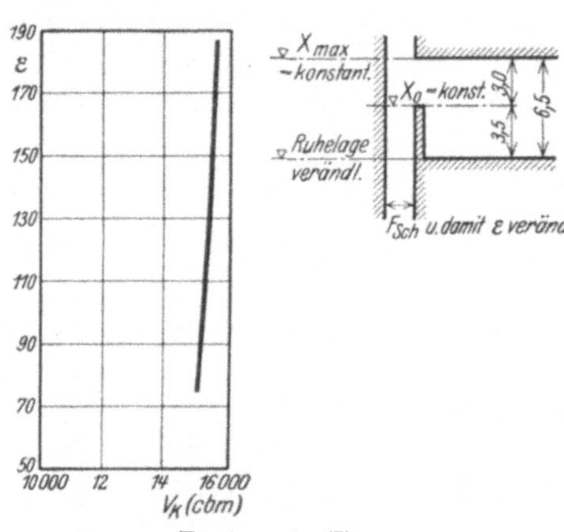

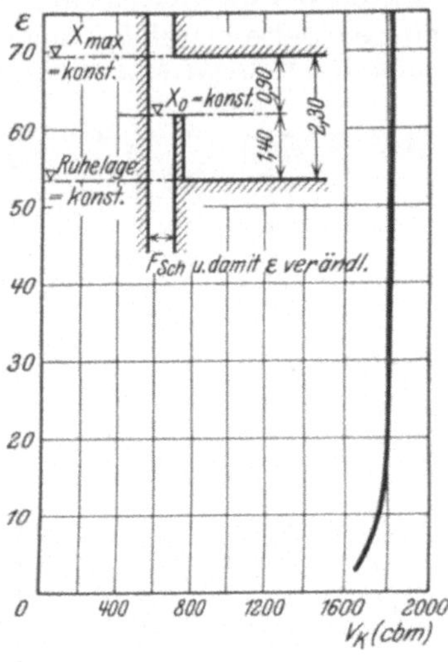

<table>
<tr><td>

Festwerte (I):

$Q = 100\ \mathrm{m^3/sec};\quad H = 500\ \mathrm{m};\quad L = 10\,000\ \mathrm{m};$
$f = 40\ \mathrm{m^2};\quad v_0 = 2,5\ \mathrm{m/sec};\quad h_0 = 5,32\ \mathrm{m};$
$H_{netto} = 494,68\ \mathrm{m};\qquad \varkappa = 1,05;$

$$\varepsilon_{max} = \text{konstant} = \frac{-6,5}{h_0} = -\frac{6,5}{5,32} = -1,22;$$

$$x_0 = \text{konstant} = \frac{-3,5}{h_0} = -\frac{3,5}{5,32} = -0,658.$$

Abb. 24. Beziehung zwischen ε und V_K.

</td><td>

Festwerte (II):

$Q_0 = 10\ \mathrm{m^3/sec};\quad H = 1000\ \mathrm{m};\quad L = 10\,000\ \mathrm{m};$
$f = 4,0\ \mathrm{m^2};\quad v_0 = 2,5\ \mathrm{m/sec};\quad h_0 = 26,2\ \mathrm{m};$
$H_{netto} = 973,8\ \mathrm{m};\qquad \varkappa = 1,05;$

$$x_{max} = \text{konstant} = \frac{-2,30}{h_0} = -\frac{2,30}{26,2} = -0,0878;$$

$$x_0 = \text{konstant} = \frac{-1,40}{h_0} = -\frac{1,40}{26,2} = -0,0535.$$

Abb. 25. Beziehung zwischen ε und V_K.

</td></tr>
</table>

Bei den Dimensionierungsberechnungen werden die in der Überfallmauer anzubringenden Entleerungsöffnungen nicht berücksichtigt, da ihr Einfluß auf die Ergebnisse nur gering ist.

4. Betrachtungen zum Verlauf der Spiegelschwankungen in einem Kammerwasserschloß mit Überlauf bei plötzlichem vollkommenen Turbinenabschluß. Wenn der Wasserabfluß aus dem Wasserschloß momentan abgestoppt wird, so drückt das vom Stausee her in Bewegung befindliche Wasser den Spiegel im Schloß nach oben. Bei dem relativ kleinen Schachtquerschnitt (= Minimumquerschnitt + Zuschlag) steigt der Schachtspiegel rasch über die Überfallkrone hinaus, so, daß das Wasser in die Kammer einzufließen beginnt. Der Schachtspiegel steigt nun so lange noch weiter, bis sich jene Überfallhöhe des Wassers herausgebildet hat, bei

welcher die im Schacht nach oben gehende sekundliche Wassermenge gleich ist der über den Überfall in die Kammer abfließenden Wassermenge.

Im weiteren Verlauf nimmt der Wasserzufluß vom Stollen her wegen der Dämpfung durch Reibung und der Verminderung des Überdruckes allmählich ab, und damit beginnt auch der Schachtspiegel zu sinken. Erst, wenn die Kammer bis zur Überlaufkrone gefüllt ist, erfolgt wegen der Verkleinerung der Höhe des überfallenden Wassers ein neuerliches Steigen des Schachtspiegels bis zum $z_{e\,max}$, das dann erreicht wird, wenn der Zufluß vom See her Null geworden ist.

Nun kehrt sich die Fließrichtung um, das Wasser fließt vom Wasserschloß zum Stausee und der Schachtspiegel sinkt. Im Verlauf dieser Schwingungsphase beginnt das in der Kammer befindliche Wasser, soweit sein Spiegel über der Überfallkrone liegt, in den Schacht zurückzufließen. Damit wird aber das Sinken des Schachtspiegels verzögert und die Schwingungsbewegung nach unten verstärkt. Es drängt sich da nun die Frage auf, ob der durch das Kammerwasser verursachte Impuls für die zweite Schwingung schädlich ist bzw. ob die in der Kammer zurückbleibenden Wassermengen so groß sind, daß das verbleibende Reservoir zur Aufnahme des mit der zweiten Schwingung nach oben gehenden Wassers nicht mehr ausreicht.

Zur Klärung dieser Frage wurden vom Verfasser für zwei Extremfälle und da wieder für verschiedene Anordnungen der Kammern und Schwellenhöhen die Schwingungen mit Hilfe numerischer Integration bis über die zweite Schwingungsphase hinaus verfolgt. Das Ergebnis dieser umfangreichen Rechnungen zeigen die im Anhang beigegebenen Graphika. Es stellt sich dabei heraus, daß in sämtlichen Fällen die Amplituden der zweiten Schwingung nach oben — und zwar sowohl für den Schacht als auch für die Kammer — bereits kleiner sind als jene der ersten Schwingung, so, daß für die Dimensionierung der oberen Kammer jeweils die erste Schwingung maßgebend ist.

Gleichzeitig wurden für sonst gleiche Verhältnisse, aber für verschiedene Wasserschloßanordnungen die Schwingungen numerisch verfolgt und graphisch übereinandergelagert (vgl. Anhang). Diese Kurven zeigen sinnfällig, in welch ausgiebigem Maße die Schwingungen im Kammerwasserschloß mit Überfall abgedämpft werden im Vergleich zu den Amplituden in einem Schachtwasserschloß.

b) Plötzliche Belastungszunahme. Das Kammerwasserschloß stellt auch in seinem unteren Teil (= Schacht einschließlich unterer Kammer) ein Mittelding dar zwischen einem Schachtwassserschloß und einem idealisierten Kammerwasserschloß, bei welch letzterem der Wasserschloßrauminhalt in diesem Falle auf die Spiegellage $z_{a\,max}$ konzentriert gedacht ist.

Für das idealisierte Kammerwasserschloß wäre bei einer Belastungs-zunahme von $n\left(=\dfrac{Q}{Q_0}\right)$ bis 1 der Kammerinhalt für die Einheit

$$V_K = \dfrac{\dfrac{\varkappa \cdot L \cdot f \cdot v_0{}^2}{g \cdot h_0}(x_{\max} - n^2)}{\varepsilon_1} = \tfrac{1}{2}\ln\left[\left(\frac{x_{\max}-1}{x_{\max}-n^2}\right)\right.$$

$$\left.\cdot\left(\frac{\sqrt{x_{\max}}+1}{\sqrt{x_{\max}}+n}\cdot\frac{\sqrt{x_{\max}}-n}{\sqrt{x_{\max}}-1}\right)^{\frac{1}{\sqrt{x_{\max}}}}\right]. \tag{25}$$

Dabei ist in diesem Falle $x_{\max} = \dfrac{z_{a\,\max}}{h_0}$.

Aus Gleichung (25) läßt sich nun das ε_1 berechnen, das diesem i d e a l i -sierten Kammerwasserschloß entsprechen würde. Andererseits ergäbe sich für ein Schachtwasserschloß mit unveränderlichem Schachtquer-schnitt und dem für das idealisierte Kammerwasserschloß festgelegten $x_{\max} = \dfrac{z_{a\,\max}}{h_0}$ mit Hilfe der Gleichung (9) ein Wert ε_2 und damit ein $F_{Sch} = \dfrac{\varkappa \cdot L \cdot f \cdot v_0{}^2}{g \cdot h_0{}^2 \cdot \varepsilon_2}$ in m².

In unserem Falle handelt es sich, wie schon erwähnt, um ein Zwi-schending zwischen diesen Grenzfällen, wobei sich ε am Übergang vom Schacht zur Kammer sprungweise ändert. Einen Teil des Wasser-schloßrauminhalts enthält der Schacht, der Rest ist einigermaßen auf die Höhe $x_{\max} = \dfrac{z_{a\,\max}}{h_0}$ konzentriert. Das Verhältnis zwischen $x_{\max}$ und ε muß nun durch Interpolation gefunden werden.

Bezeichnet man in Anlehnung an V o g t für die vorstehend skizzierten Grenzfälle diejenigen ε, welche bei einem bestimmten n dasselbe $x_{\max}$ geben, mit ε_1 und ε_2, dann sind die ausgenutzten Rauminhalte:

$$V_1 = \frac{x_{\max}-n^2}{\varepsilon_1} \quad\text{und}\quad V_2 = \frac{x_{\max}-n^2}{\varepsilon_2}.$$

Werden für die H ö h e n^2 die Momente dieser Volumina vom Grade k berechnet:

$$k = \frac{V_2}{V_1} - 1 = \frac{\varepsilon_1}{\varepsilon_2} - 1,$$

so folgt

$$M_1 = V_1(x_{\max}-n^2)^k = \frac{x_{\max}-n^2}{\varepsilon_1}\cdot(x_{\max}-n^2)^{\frac{\varepsilon_1}{\varepsilon_2}-1} = \frac{1}{\varepsilon_1}(x_{\max}-n^2)^{\frac{\varepsilon_1}{\varepsilon_2}}$$

und

$$M_2 = \int_{n^2}^{x_{\max}} \frac{dx}{\varepsilon_2}(x_{\max}-n^2)^{\frac{\varepsilon_1}{\varepsilon_2}-1} = \frac{1}{\varepsilon_1}(x_{\max}-n^2)^{\frac{\varepsilon_1}{\varepsilon_2}}.$$

Diese Momente vom Grade k sind nur für die beiden Grenzfälle einander gleich, also

$$M_1 = M_2.$$

Es ist nun zu erwarten, daß diese Gleichheit der Momente auch für Konstruktionen, welche **zwischen diesen Grenzfällen** liegen, mit guter Annäherung Gültigkeit haben. **Vogt** hat diese Erwartung durch Prüfrechnungen mit numerischen Integrationen bestätigt gefunden.

Für eine willkürliche Form des Wasserschlosses, also eine willkürliche Änderung von ε wird daher angenähert, wenn man $k = \dfrac{\varepsilon_1}{\varepsilon_2} - 1$ setzt:

$$\int_{n^2}^{x_{\max}} \frac{(x - n^2)^{\left(\frac{\varepsilon_1}{\varepsilon_2} - 1\right)}}{\varepsilon} \cdot dx = \frac{(x_{\max} - n^2)^{\frac{\varepsilon_1}{\varepsilon_2}}}{\varepsilon_1}. \tag{26}$$

Die rechte Seite dieser Gleichung enthält, wie aus den Ausführungen weiter oben ersichtlich, lauter bekannte Größen und kann deshalb ohne weiteres gerechnet werden.

Für das Integral der linken Seite liegen für das Kammerwasserschloß mit Schacht und unterer Kammer in Stollenform die Verhältnisse insofern einfach, als sich hier ε sprungweise ändert. Es braucht nur beachtet zu werden, daß im Integral das ε_2 im Nenner sich jetzt auf den Schacht vom Ausführungsquerschnitt bezieht.

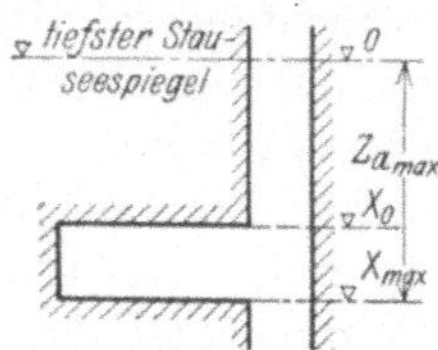

Abb. 26.

Um die Kammer voll auszunützen, wird der Boden derselben zweckmäßig auf $x_{\max}$ gelegt. Um x_0 festzulegen, muß eine Kammerhöhe angenommen werden.

Nunmehr ist die Integration der linken Seite der Gleichung (26) zunächst zu erstrecken zwischen den Grenzen 0 und x_0 für den Schacht und dann von x_0 bis $x_{\max}$ für die Kammer. Die Summe dieser beiden Ausdrücke muß dann der rechten Seite der Gleichung (26) gleich sein. Aus dieser Beziehung läßt sich nun für die angenommene Kammerhöhe das zugehörige ε_2 rechnen und damit der endgültige horizontale Kammerquerschnitt (oder bei angenommenem x_0 und angenommener Kammerbreite die Länge der Kammer).

Für die Berechnung ist zu beachten, daß der ungünstigste Wert γ der Stollenreibung bei der momentanen Belastungszunahme gegeben ist mit dem größten praktisch möglichen Reibungswert und daß für die Disponierung der Kammer vom tiefsten möglichen Wasserfassungsspiegel (= abgesenkter Stauseespiegel) auszugehen ist.

Zahlenbeispiel. Momentane Belastungszunahme von $n = 0{,}5$ bis 1. Gegeben

$$f = 40 \text{ m}^2, \quad L = 10\,000 \text{ m}, \quad Q = 50 \text{ m}^3/\text{sec}, \quad Q_0 = 100 \text{ m}^3/\text{sec}.$$

Belastungsgrad

$$n = \frac{Q}{Q_0} = 0{,}5, \quad h = 1{,}393 \cdot v^2$$

für

$$\gamma = 0{,}45, \quad v_0 = \frac{Q_0}{f} = \frac{100}{40} = 2{,}5 \ \text{m/sec},$$

$$h_0 = 1{,}393 \cdot 2{,}5^2 = 8{,}704 \ \text{m}, \quad z_{a\,\max} = 12{,}7 \ \text{m},$$

$$F_{\text{Sch}} = 60 \ \text{m}^2.$$

Somit Verhältniswert für die maximale Absenkung

$$x_{\max} = \frac{z_{a\,\max}}{h_0} = \frac{12{,}7}{8{,}7} = 1{,}46.$$

Für $x_{\max} = 1{,}46$ ergibt sich für ein Wasserschloß mit unveränderlichem Querschnitt (= Schachtwassserschloß) das ε_2 nach Gleichung (9)

$$x_{\max} = 1 + \left[\sqrt{\varepsilon_2 - 0{,}275 \cdot \sqrt{n}} + \frac{0{,}05}{\varepsilon_2} - 0{,}9 \right] \cdot (1 - n) \cdot \left(1 - \frac{n}{\varepsilon_2^{0{,}62}} \right).$$

Durch Versuchsrechnung liefert die Gleichung für $x_{\max} = 1{,}46$, $n = 0{,}5$ einen Wert $\varepsilon_2 = 4{,}36$ und damit aus Gleichung (IIIa)

$$2 F_{\text{Sch}} = \frac{\varkappa \cdot L \cdot f \cdot v_0^2}{g \cdot h_0^2 \cdot \varepsilon_2} = \frac{1{,}05 \cdot 10\,000 \cdot 40 \cdot 2{.}5^2}{9{,}81 \cdot 8{,}704^2 \cdot 4{,}36} = 810{,}5 \ \text{m}^2,$$

d. h. es wäre für ein Schachtwasserschloß mit unveränderlichem Querschnitt bei einem $z_{a\max} = 12{,}7$ m ($x_{\max} = 1{,}46$) ein horizontaler lichter Schachtquerschnitt von $2\,F_{Sch} = 810{,}5$ m² erforderlich. Vorhanden ist nur ein lichter Schachtquerschnitt $F_{Sch} = 60$ m², daher ist eine untere Kammer notwendig, um die Maximalabsenkung $z_{a\max} = 12{,}7$ m nicht zu unterschreiten. Denkt man sich diese Kammer zunächst auf die Höhe $x_{\max}$ konzentriert, also eine idealisierte Kammer, welcher der Wert ε_1 entspricht, dann ist nach Gleichung (25)

$$\varepsilon_1 = \frac{x_{\max} - n^2}{\frac{1}{2} \ln \left[\left(\frac{x_{\max} - 1}{x_{\max} - n^2} \right) \left(\frac{\sqrt{x_{\max}} + 1}{\sqrt{x_{\max}} + n} \cdot \frac{\sqrt{x_{\max}} - n}{\sqrt{x_{\max}} - 1} \right)^{\frac{1}{\sqrt{x_{\max}}}} \right]}$$

$$\varepsilon_1 = \frac{2 \cdot (1{,}46 - 0{,}25)}{\ln \left[\left(\frac{1{,}46 - 1}{1{,}46 - 0{,}25} \right) \cdot \left(\frac{1{,}208 + 1}{1{,}208 + 0{,}5} \cdot \frac{1{,}208 - 0{,}5}{1{,}208 - 1} \right)^{\frac{1}{1{,}208}} \right]} = 9{,}38.$$

Das Kammerwasserschloß liegt zwischen diesen beiden Grenzfällen, wobei sich das ε beim Übergang vom Schacht zur Kammer sprungweise ändert. Um für dieses im Querschnitt veränderliche Wasserschloß die Absenkung $z_{a\max} = 12{,}7$ einzuhalten entsprechend. $x_{\max} = 1{,}46$, muß die Gleichung (26) befriedigt werden:

$$\int_{n^2}^{x_{\max}} \frac{(x - n^2)^{\left(\frac{\varepsilon_1}{\varepsilon_2} - 1 \right)}}{\varepsilon} \cdot dx = \frac{(x_{\max} - n^2)^{\frac{\varepsilon_1}{\varepsilon_2}}}{\varepsilon_1} = \frac{(1{,}46 - 0{,}5^2)^{\frac{9{,}38}{4{,}36}}}{9{,}38} = 0{,}1603.$$

Für das Integral der linken Seite ist zunächst das ε'_2 zu bestimmen, das einem Schacht von gegebenem Querschnitt $2\,F'_{Sch} = 60\,\mathrm{m^2}$ entspricht:

$$\varepsilon'_2 = \frac{\varepsilon_2 \cdot 810,5}{60} = \frac{4,36 \cdot 810,5}{60} = 58,9\,.$$

Der Kammerboden wird auf $x_{\max}$ gelegt, die Kammerhöhe mit 4,5 m angenommen. Damit

$$x_0 = \frac{12,7 - 4,5}{8,7} = 0,943\,.$$

Nunmehr ergibt die Integration der linken Gleichungsseite:
1. Zwischen 0 und x_0 (für den Schacht)

$$\frac{(x_{\max} - n^2)^{\frac{\varepsilon_1}{\varepsilon_2}}}{\varepsilon'_2 \cdot \dfrac{\varepsilon_1}{\varepsilon_2}} = \frac{(1,46 - 0,25)^{\frac{9,38}{4,36}}}{58,9 \cdot \dfrac{9,38}{4,36}} = 0,01187\,.$$

2. Zwischen x_0 und $x_{\max}$ (für die Kammer)

$$\frac{1}{\varepsilon''_2} \cdot \left[\frac{(x_{\max} - n^2)^{\frac{\varepsilon_1}{\varepsilon_2}} - (x_0 - n^2)^{\frac{\varepsilon_1}{\varepsilon_2}}}{\dfrac{\varepsilon_1}{\varepsilon_2}} \right]$$

$$= \frac{1}{\varepsilon''_2} \cdot \left[\frac{(1.46 - 0,25)^{\frac{9,38}{4,36}} - (0,943 - 0,25)^{\frac{9,38}{4,36}}}{\dfrac{9,38}{4,36}} \right] = \frac{1}{\varepsilon''_2} \cdot 0,4874\,.$$

Also:

$$0,01187 + \frac{1}{\varepsilon''_2} \cdot 0,4874 = 0,1603\,,$$

daraus

$$\varepsilon''_2 = \frac{0,4874}{0,14843} = 3,283$$

und der Kammerquerschnitt

$$F_K = 810,5 \cdot \frac{4,36}{3,283} = 1076\,\mathrm{m^2}\,.$$

Kammerinhalt: $V_K = 1076 \cdot 4,5 = 4840\,\mathrm{m^3}$.
Vertikalquerschnitt: $4,5 \cdot 4,5 = 20,25\,\mathrm{m^2}$.
Länge der Kammer: $\dfrac{4840}{20,25} = 239\,\mathrm{m}$.

Wird die Kammer beiderseits des Schachtes ausgeführt, erhält jeder Kammerteil die Länge $\dfrac{239}{2} = 119,5\,\mathrm{m}$.

Die Ersparnis an Rauminhalt, welche für die gleiche maximale Absenkung $z_{a\max} = 12,7\,\mathrm{m}$ ein Kammerwasserschloß gegenüber einem Schachtwasserschloß lediglich im unteren Teil bewirkt, beträgt für den vorliegenden Fall:

$$(12{,}7 \cdot 810{,}5) - (8{,}2 \cdot 60 + 4840) = 10\,300 - 5330 = 4970 \text{ m}^3.$$

Die Nachprüfung dieser Ergebnisse mit Hilfe der numerischen Integration geschieht mittels der Gleichungen (Ia) und (II) (S. 33). Es ist dabei nur zu beachten, daß die Rechnung zunächst mit $F =$ Schachtquerschnitt und am Übergang vom Schacht zur Kammer mit $F =$ horizontaler Kammerquerschnitt durchzuführen ist. Das Ergebnis dieser Rechnung für das vorbehandelte Zahlenbeispiel ist im Anhang Tafel VI, Abb. 10 aufgetragen. Man erkennt die gute Übereinstimmung der numerischen Integration mit der empirischen Rechnung nach Vogt.

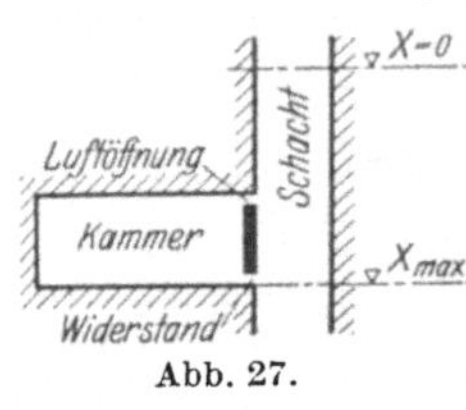

Abb. 27.

Um den Rauminhalt der unteren Kammer beim Kammerwasserschloß weiter zu reduzieren, sind verschiedentlich Vorschläge gemacht worden, analog der Überlaufschwelle in der oberen Kammer in die untere Kammermündung einen Dämpfungswiderstand einzubauen, wie es z. B. Abb. 27 schematisch andeutet. Es liegt dann ein gedämpftes Wasserschloß vor, dessen Berechnung im nächsten Abschnitt behandelt ist.

Da die untere Kammer in den meisten Fällen nicht sehr groß wird, hat auch die Anbringung einer Dämpfung in dieser Kammer nicht die Bedeutung, wie der Überfall in der oberen Kammer.

5. Langsame Belastungszunahme bei ungedämpften Wasserschlössern.

Während für die Fälle der Belastungsabnahme jeweils schon der ungünstigste Zustand des momentanen vollkommenen Absperrens von $n = 1$ bis $n = 0$ für die Ermittlung der maximalen Spiegelausschläge und der nötigen Schloßvolumina zugrunde gelegt wurde, wird für den Fall der plötzlichen Belastungszunahme von der Erwägung ausgegangen, daß nicht alle Einheiten auf einmal starten werden (vgl. „Forderungen an das Wasserschloß" S. 19ff.).

Nun kann es aber doch vorkommen, daß die Belastung nach Betriebsunterbrechungen verhältnismäßig rasch von $n = 0$ auf $n = 1$ gebracht werden soll, und die Frage auftritt, welche kürzeste Öffnungszeit T_1 für diese totale Belastungszunahme angesetzt werden darf, damit die hierdurch hervorgerufene Spiegelsenkung im Schloß nicht unter den berechneten Wert $x_{\max} = \dfrac{z_{a\,\max}}{h_0}$ für momentane partielle Belastungszunahme von n bis 1 heruntergeht.

a) Schachtwasserschloß ($\varepsilon =$ konstant). Öffnungszeit T_1:

$$T_1 = T_a + \left[\frac{2}{(1-n)\,\sqrt{\varepsilon + n}} - T_a \right] \cdot \frac{\varepsilon^2}{\varepsilon^2 + 3000},$$

wobei T_a die kleinste Wurzel T_1 ist, welche die nachfolgende Gleichung ergibt:

$$1 - n = \frac{2}{T_1 \cdot \sqrt{\varepsilon + n}} \cdot \sin\left(\frac{T_1 \cdot \sqrt{\varepsilon + n}}{2}\right).$$

Mit wachsendem n wächst auch die Öffnungszeit T_1, und zwar zwischen $n = 0$ und $n = 0,1$ sehr stark, von $n = 0,1$ bis ca. $0,785$ langsamer. Von $n = 0,785$ ab wird die vorstehende Gleichung mehrdeutig und T_1 wächst sprungweise. Weiterhin wächst T_1 abwechselnd stetig und sprungweise.

Ergebnis: Wird für ein Schachtwasserschloß von unveränderlichem Querschnitt ($\varepsilon =$ konstant) verlangt, daß die Belastung in relativ kurzer Zeit T_1 von $n = 0$ bis $n = 1$ gesteigert werden kann, dann muß es für eine momentane Belastungszunahme $(1 - n)$ größer als $(1 - 0,785)$ $= 21,5\%$ der gesamten Belastung bemessen werden. Mit Rücksicht auf mögliche Unregelmäßigkeiten in der Belastungskurve ist jedoch wenigstens mit einer augenblicklichen Belastungszunahme von $n = 0,75$ auf $n = 1$ zu rechnen (25% der Vollbelastung), auch wenn eine große Zahl von Aggregaten dies sonst nicht für notwendig erscheinen ließe.

b) Kammerwasserschloß. Für das Kammerwasserschloß erhält man für

$$T_1 < 2 \cdot \frac{x_{\max}}{\varepsilon}$$

$$T_1 = \sqrt{12 \cdot \frac{x_{\max}}{\varepsilon}\left(L - \frac{n^2}{\varepsilon}\right)}$$

wobei

$$L = \ln\left[\left(\frac{x_{\max} - n^2}{x_{\max}}\right)\left(\frac{\sqrt{x_{\max}} + n}{\sqrt{x_{\max}} - n}\right)^{\frac{1}{\sqrt{x_{\max}}}}\right].$$

Für

$$T_1 > 2 \cdot \frac{x_{\max}}{\varepsilon}$$

wird

$$T_1 = L + \frac{7 \cdot x_{\max} - 9 \cdot n^2}{9 \cdot \varepsilon} + \frac{4}{3}\sqrt{\frac{2\,x_{\max}}{\varepsilon}\left[L - \frac{9\,n^2 + x_{\max}}{9 \cdot \varepsilon}\right]}.$$

(Bedeutung von L wie vor!)

Diese Entwicklungen setzen voraus:

1. daß T_1 nicht so groß ist, daß der Wasserstand, nachdem er erst die Höhe $x_{\max}$ erreicht hat, diese wieder während der Zapfungsperiode verläßt, daß man also für $T > T_2$ mit $x = x_{\max}$ rechnen kann. T_2 bedeutet dabei die Zeit, innerhalb welcher der Spiegel auf $x_{\max}$ sinkt. In der Praxis wird dies immer zutreffen.

2. daß der Schachtquerschnitt relativ klein, ε also groß ist. Von Vogt durchgeführte numerische Integrationen zeigen, daß für das typische Kammerwasserschloß die Formeln hinreichend genau sind.

3. daß das Kammervolumen auf die Höhe x_{max} konzentriert ist (idealisiertes Kammerwasserschloß). Praktisch trifft dies nie zu. Da aber die endliche Höhe der Kammer im Vergleich zu x_{max} nicht sehr groß sein wird, kann als angenäherte Berichtigung in der Berechnung von L statt x_{max} die Höhe

$$x_{max} - \text{ca.}\ \frac{1}{3}\,\text{Kammerhöhe}$$

eingeführt werden.

6. Gedämpftes Wasserschloß.

a) Schachtwasserschloß von konstantem Querschnitt. α) **Momentane, vollkommene Belastungsabnahme.** Liegt zum Zeitpunkt $t = 0$ der Schachtwasserspiegel auf $x = x_1$ und beträgt die Wasserzufuhr zu diesem Zeitpunkt $y = y_1$ *, dann erhält man durch Integration der Differentialgleichungen

$$0 = y + \frac{1}{\varepsilon} \cdot \frac{dx}{dt},$$

$$\frac{dy}{dt} = x - \eta \left(\frac{dx}{\varepsilon \cdot dt}\right)^2 - y^2$$

den weiteren Zusammenhang zwischen x und y, bis x seinen Maximalwert $x_{max} = \frac{z_{e\,max}}{h_0}$ erreicht, mit folgender Gleichung:

$$y^2 = \left[\frac{\varepsilon}{2\,(1+\eta)^2} + \frac{x}{1+\eta}\right] + \left[y_1^2 - \frac{\varepsilon}{2\,(1+\eta)^2} - \frac{x_1}{1+\eta}\right]$$

$$\cdot\,e^{-\frac{2\,(1+\eta)}{\varepsilon}\,(x_1 - x)}\,. \tag{27}$$

Dabei ist x negativ einzusetzen, wenn der Schloßspiegel über den Wasserspiegel der Wasserfassung emporsteigt. Gleichung (27) gilt, wie schon angedeutet, für irgendeinen beliebigen Belastungszustand vor dem vollkommenen plötzlichen Absperren des Wasserverbrauches.

Sind die Maschinen zur Zeit $t = 0$ auf Vollast gefahren und wird von diesem Belastungszustand aus momentan und vollkommen abgesperrt, so ist $x_1 = \frac{h_0}{h_0} = 1$ und $y_1 = \frac{v_0}{v_0} = 1$. Der Maximalwert von x ($= x_{max} =$ höchster Schloßwasserspiegel über dem Wasserspiegel in der Wasserfassung) liegt dann bei $v = 0$, also $y = \frac{0}{v_0} = 0$ und x_{max} ist immer negativ. Wechselt man das Vorzeichen von x_{max}, indem man es mit seinem positiven Zahlenwert einführt, ergibt sich nachfolgende Bestimmungsgleichung dafür:

$$1 - \frac{2\,(1+\eta)}{\varepsilon}\,x_{max} = \left[1 - \frac{2\,\eta\,(1+\eta)}{\varepsilon}\right] \cdot e^{-\frac{2\,(1+\eta)}{\varepsilon}(1 + x_{max})}\,. \tag{28}$$

---

* x_1 und y_1 charakterisieren den Belastungszustand v o r Absperren des Wasserverbrauches.

Aus dieser Gleichung läßt sich x_{max} und damit $z_{e\,max} = x_{max} \cdot h_o$ durch Versuchsrechnung ohne Schwierigkeit feststellen.

Will man den Schwingungsverlauf mit Hilfe der schrittweisen Berechnung verfolgen, dann hat man die Gleichung (I) S. 32 unverändert anzusetzen, in Gleichung (II) S. 32 ist dagegen noch der Dämpfungswiderstand einzufügen, also

$$- \Delta z = \frac{f}{F} \cdot v \cdot \Delta t \ . \tag{I}$$

$$\Delta v = \frac{g}{L}\,(z \mp h \pm k) \cdot \Delta t \ . \tag{IIb}$$

Hinsichtlich der Vorzeichen gilt:

k wird positiv, wenn Δz positiv,
k wird negativ, wenn Δz negativ,
h wird negativ, wenn v positiv,
h wird positiv, wenn v negativ.

β) **Momentane Belastungszunahme von n bis 1.** Für einen willkürlichen Dämpfungswiderstand η wird, wenn ε unveränderlich, also Schachtquerschnitt konstant, nach Vogt[1]

$$x_{max} = 1 + c\,(1 - n)^2\,(\eta - 1) + (1 - n)$$
$$\cdot \sqrt{\varepsilon - [c\,(1 - n)^2\,(\eta - 1) + (1 - n^2)]\,[\eta - c\,(\eta - 1)]} \cdot e^{\mathrm{Exp}} \ . \tag{29}$$

$$\mathrm{Exp} = -\left[\frac{(1 + n) + \eta \cdot (1 - n)}{\sqrt{4\,\varepsilon - [(1 + n) + \eta\,(1 - n)]^2}} \cdot \operatorname{arc\,tg}\left(- \frac{\sqrt{4\,\varepsilon - [(1 + n) + \eta \cdot (1 - n)]^2}}{(1 + n) - (1 - n)[\eta - 2\,c\,(\eta - 1)]} \right) \right] \ .$$

c stellt einen Berichtigungsfaktor dar, der notwendig ist, weil für die Integration das Reibungsglied y^2 in der Differentialgleichung durch das Glied $R = 2by - a + \eta\,(1 - y)^2$ ersetzt wurde. Gleichung (29) ist für $n = 1$ exakt richtig, weil in diesem Falle alle Glieder, welche mit dem Faktor c verbunden sind, wegfallen. Der Wert c ist von Vogt mit Hilfe der Kontrollrechnung mit numerischen Integrationen, also empirisch, wie folgt festgelegt:

$$c = \frac{1}{4} \cdot \frac{1 + 2\,\varepsilon\left(1 + \dfrac{\sqrt{\eta}}{1 + \eta}\right)}{1 + 4\,\varepsilon} \ . \tag{29a}$$

Für Werte von $\eta < 10 - 15$ gibt Gleichung (29) ein x_{max} mit weniger als 1 % Fehler.

Wählt man die Widerstandsdämpfung so, daß

$$\eta = \frac{x_{max} - n^2}{(1 - n)^2} \ ,$$

---

[1] Vogt: a. a. O. S. 93.

so wird mit guter Annäherung x_{max} mittels folgender einfacher Formel berechnet [vgl. damit auch Gl. (9) S. 34]

$$x_{max} = 1 + \left[\sqrt{0{,}5 \cdot \varepsilon - 0{,}275 \sqrt{n}} + \frac{0{,}1}{\varepsilon} - 0{,}9\right] \cdot (1 - n)$$
$$\cdot \left(1 - \frac{n}{(0{,}5 \cdot \varepsilon)^{0{,}62}}\right). \tag{30}$$

Für die schrittweise Berechnung sind hier die Gleichungen (Ia) S. 33 und (IIb) S. 55 zu verwenden.

b) Schachtwasserschloß mit Überlauf. In Frage kommt hier nur der Fall des momentanen vollkommenen Absperrens.

Wird die Überlaufkrone in die höchste Höhe des Wasserspiegels der Wasserfassung gelegt, dann wird $x = 0$. Für $x_1 = y_1 = 1$ (Absperren von Vollast auf Null) ergibt sich die Wasserzufuhr zum Wasserschloß

$$y_0 = \sqrt{\frac{\varepsilon}{2(1+\eta)^2} - \left[\frac{\varepsilon}{2(1+\eta)^2} - \frac{\eta}{1+\eta}\right] \cdot e^{-\frac{2(1+\eta)}{\varepsilon}}}. \tag{31}$$

Mit $\eta = 0$ (ungedämpftes Wasserschloß) geht Gleichung (31) über in

$$y_0 = \sqrt{\frac{\varepsilon}{2}\left(1 - e^{-\frac{2}{\varepsilon}}\right)}.$$

Für die schrittweise Berechnung dienen die Gleichungen (13) S. 36 und (IIb) S. 55.

c) Wasserschloß mit veränderlichem Querschnitt. Es wird hier beispielsweise an ein Wasserschloß mit Schacht und oberer Kammer ohne Überlaufschwelle gedacht. Die Berechnung für momentane vollkommene Belastungsabnahme läßt sich mit Hilfe von Gleichung (27) durchführen, indem man aus dem Anfangszustand, bestimmt durch x_1 und y_1, die Wasserzufuhr y_2 in Höhe x_2, in welcher die Querschnittsänderung liegt, rechnet. Mit den neuen Werten x_2 und y_2 und dem neuen ε, welches sich in dem neuen Horizontalquerschnitt ergibt, geht man wie früher wieder bis zur Höhe x_{max}, die mit $y = 0$ erreicht wird.

d) Johnsons Wasserschloß (vgl. Abb. 9, S. 17). Das Johnson'sche Wasserschloß ist eine Kombination eines gedämpften Schachtwasserschlosses und eines ganz engen, gewöhnlichen Wasserschlosses, das hier als Zentralrohr bezeichnet ist. Die Aufgabe des Zentralrohres ist die Vorbeileitung des Turbinenwassers am Widerstand beim Absperren zur Vermeidung von Druckstößen.

α) **Absperren des Wasserverbrauches.** Eine angenäherte Berechnung für das Absperren des Wasserverbrauchs läßt sich nach Vogt wie folgt durchführen:

Nach dem Absperren muß das Wasser zuerst das Zentralrohr füllen und gleichzeitig wird auch ein Teil durch den Widerstand in das eigentliche Wasserschloß strömen. Ist der Querschnitt des Zentralrohres

$q$mal so groß wie der gesamte Wasserschloßquerschnitt, kann angenähert damit gerechnet werden, daß in diesem Zeitabschnitt der Teil

$$q : \left[1 - \frac{2}{3} \sqrt{\frac{1 + x_{\max}}{\eta}} \right]$$

des gesamten verfügbaren Rauminhaltes gefüllt wird.

Es ist dabei vorausgesetzt, daß η einigermaßen groß ist und daß die Wassermenge, welche durch den Widerstand geht, durchschnittlich gleich $^2/_3$ des Schlußwertes ist, was ja angenähert zutreffen muß, da der Durchfluß mit einer Parabelkurve zunimmt.

Wird der Effekt dieses Teils des Schlosses mit dem idealisierten Kammerwasserschloß verglichen, der übrige Teil angenähert als die obere Kammer beim Kammerwasserschloß berechnet und hiermit ein durchschnittlicher Effekt des ganzen Volumens ermittelt, so ergibt sich schließlich beim totalen Absperren für den gesamten notwendigen Rauminhalt, der zwischen dem Anfangs- und Schlußwasserstand liegen muß, in m³

$$V_J = \frac{\ln\left[1 + \dfrac{1}{x_{\max} - 0{,}15\,(x_{\max} - x_o)} \right]}{2\left[1 - \dfrac{x_{\max} + 0{,}3}{2\,x_{\max} + 0{,}3} \cdot \dfrac{q}{1 - \dfrac{2}{3}\sqrt{\dfrac{1 + x_{\max}}{\eta}}} \right]} \cdot \frac{\varkappa \cdot L \cdot f \cdot v_0^2}{g \cdot h_0} \qquad (32)$$

dabei ist:

$$x_{\max} = \frac{z_{e\,\max}}{h_0},$$

wenn $z_{e\,\max}$ die höchste Erhebung des Wasserschloßspiegels über dem Wasserfassungsspiegel angibt und positiv nach oben gerechnet wird.

$$x_0 = \frac{z_0}{h_0},$$

wobei z_0 die Erhebung der Überlaufkrone des Zentralrohrs über den Wasserfassungsspiegel mißt und so festgesetzt ist, daß die Höhe des überfallenden Wassers $= z_{e\,\max} - z_0$.

$q = $ Verhältnis des Querschnittes des Zentralrohrs zu jenem des ganzen Wasserschlosses.

Gleichung (32) gilt zwar nur angenähert, stimmt aber ziemlich gut, wenn nur η, also K_0 einigermaßen groß ist, was immer der Fall ist, wenn überhaupt schon ein Zentralrohr notwendig wird, und, wenn q relativ klein wird, was bei praktischen Konstruktionen ebenfalls immer zutrifft.

Die Höhe des Zentralrohres wird am einfachsten und praktisch hinreichend genau so berechnet, daß eine Wassermenge

$$y_0 = 1 - \sqrt{\frac{1 + x_{\max}}{\eta}}$$

auf der Höhe $x_{\max} = \dfrac{z_{e\,\max}}{h_0}$ abfließen kann.

Dabei gibt das letzte Glied angenähert den Teil des Wassers, welcher durch den Widerstand geht und für den also dieser Überlauf nicht berechnet zu werden braucht.

β) **Belastungssteigerung von** $n-1$. Wie für momentanes Absperren des Wasserverbrauchs, kann nach Vogt auch für momentane Belastungszunahme die Wirkung des Zentralrohrs dadurch angenähert in der Rechnung berücksichtigt werden, daß für den Teil des Wasserschlosses, der geleert wird während der Wasserstand im Zentralrohr von $x = n^2$ bis $x_{\max}$ sinkt, halber Effekt gerechnet wird. Dies setzt dann voraus, daß die Dämpfung den speziellen Wert aufweist:

$$\eta = \frac{x_{\max} - n^2}{(1-n)^2}$$

Stàtt mit dem wirklichen ε ist dann mit folgendem Wert zu rechnen

$$\varepsilon_1 = \frac{\varepsilon}{1 - \dfrac{q}{2\left[1 - \dfrac{2}{3}(1-n)\right]}},$$

wobei q die unter α) angegebene Bedeutung hat und klein gegen 1 ist. Die weitere Berechnung von $x_{\max}$ geschieht dann wie beim Wasserschloß ohne Zentralrohr mittels Gleichung (30).

e) Langsame Belastungszunahme. Es läßt sich leicht zeigen, daß für ungedämpfte Wasserschlösser die Maximalausschläge $z_{e\,\max}$ und $z_{a\,\max}$ kleiner würden, wenn die Schluß- bzw. Öffnungszeiten nicht mehr unendlich klein sind, das Absperren bzw. Belasten nicht mehr momentan geschieht, sondern einen wenn auch kleinen endlichen Wert annehmen, wie es ja in der Praxis auch durchwegs der Fall ist.

Dagegen erfordert beim gedämpften Wasserschloß eine kleine, aber endliche Öffnungs- oder Schlußzeit einen größeren Rauminhalt als eine unendlich kleine Öffnungs- oder Schlußzeit. Es ist deshalb notwendig, die Rechnungsergebnisse für momentane Belastungszunahme bzw. -abnahme zu verbessern, indem den Werten $x_{\max} = \dfrac{z_{a\,\max}}{h_0}$ bzw. $x_{\max} = \dfrac{z_{e\,\max}}{h_0}$ ein Zuschlag gegeben wird.

Bezeichnet man die maximalen Spiegelausschläge für plötzliche Belastungsänderung mit dem Zeiger p, jene für langsame Belastungsänderung mit dem Zeiger 1, so erhält man für Belastungszunahme von n bis 1:

$$x_{\max 1} = x_{\max p} + \frac{x_{\max p} - 1}{15} \cdot \frac{\eta}{\eta_1}, \tag{34}$$

wenn $\eta_1 = \dfrac{x_{\max p} - n^2}{(1-n)^2}$,

für Belastungsabnahme von $n = 1$ bis $n = 0$

$$x_{\max 1} = x_{\max p} + \frac{x_{\max p}}{15} \cdot \frac{\eta}{x_{\max p} + 1}. \tag{35}$$

Anhang.

I. Zahlenbeispiele.

1. Schachtwasserschloß ohne Überlauf.

Momentane totale Absperrung des Wassers von $n=1$ auf $n=0$.

Gegeben: $Q_0 = 100 \text{ m}^3/\text{sec}$, $H = 500 \text{ m}$.

$$\text{Stollen } L = 10\,000 \text{ m}, \quad v_{\max} = 2,5 \text{ m/sec}, \quad f = 40 \text{ m}^2,$$
$$d = 7,13 \text{ m}, \quad c = 81 \ (\gamma = 0,10 \text{ nach Bazin}), \quad h_0 = 5,32 \text{ m},$$
$$H_{\text{netto}} = 494,68.$$

a) Bedingung: Schachtquerschnitt F_{gr} gleichbleibend, Schachthöhe so groß, als dem maximalen Schwingungsausschlag für F_{gr} entspricht, also $= z_{e\max}$.

Stabilitätsbedingungen:

1.
$$\frac{h_0}{H} = \frac{5,32}{500} < \frac{1}{3}, \text{ also erfüllt}$$

2.
$$F_{gr_{c=81}} = 101,9 \cdot \frac{f^{1,5}}{H_{\text{netto}}} = 101,9 \cdot \frac{40^{1,5}}{494,68} = 52,1 \text{ m}^2$$

(nach Gleichung IIIb S. 24)
damit $\varepsilon = 181$ (nach Gleichung IIIa S. 23).

Für $F_{gr_{c=81}}$ (als Grenzfall!) und $\varepsilon_{gr} = 181$ ermittelt sich die maximale Spiegelerhebung wie folgt:

Nach Gleichung (3) S. 31:

$$(1 + \varrho \cdot z_{e\max}) - \ln(1 + \varrho \cdot z_{e\max}) = (1 + \varrho \cdot h_a),$$

dabei ist

$$\varrho = 2 \cdot \chi \frac{g \cdot F_{gr}}{L \cdot f} \quad (\text{S.}\,31)$$

$$\chi = \frac{L}{c^2 \cdot R} \quad (\text{S.}\,28)$$

$$\chi = \frac{10\,000}{81^2 \cdot 1,79} = 0,852,$$

somit

$$\varrho = 2 \cdot 0,852 \cdot \frac{9,81 \cdot 52,1}{10\,000 \cdot 40} = 0,002177$$

$$h_a = \chi \cdot v_a^2 \quad (\text{S.}\,28)$$

für $n = 1$: $Q_a = Q_0$ daher $v_a = v_0$ und

$$h_a = h_0 = 0{,}852 \cdot 2{,}5^2 = 5{,}32 \text{ m}.$$

Nunmehr ergibt sich:

$$(1 + 0{,}002177 \cdot z_{e\,\max}) - \ln(1 + 0{,}002177 \cdot z_{e\,\max}) =$$
$$(1 + 0{,}002177 \cdot 5{,}32) = 1{,}01158.$$

Für $z_{e\,\max} = -66{,}3$ erhält man für die linke Gleichungsseite

$$0{,}8557 + 0{,}15586 = 1{,}01156 \quad \text{(gegen } 1{,}01158 \text{ rechts)}.$$

Schwingung nach unten:
Nach Gleichung (4) S. 32

$$(1 - \varrho \cdot z_1) - \ln(1 - \varrho \cdot z_1) = (1 - \varrho \cdot z_{e\,\max}) - \ln(1 - \varrho \cdot z_{e\,\max}),$$

für $z_{e\,\max} = -66{,}3$ wird die rechte Gleichungsseite $= 1{,}00958$, demnach

$$(1 - 0{,}002177 \cdot z_1) - \ln(1 - 0{,}002177 \cdot z_1) = 1{,}00958$$

für $z_1 = +60{,}55$ m wird die Gleichung befriedigt.
Nächste Schwingung nach oben.
Nach Gleichung (4) S. 32:

$$(1 + \varrho \cdot z_2) - \ln(1 + \varrho \cdot z_2) = (1 + \varrho \cdot z_1) - \ln(1 + \varrho \cdot z_1)$$

für $z_1 = +60{,}55$ m wird die rechte Gleichungsseite $= 1{,}00803$, demnach:

$$(1 + 0{,}002177 \cdot z_2) - \ln(1 + 0{,}002177 \cdot z_2) = 1{,}00803,$$

daraus $z_2 = -55{,}6$ m usw.

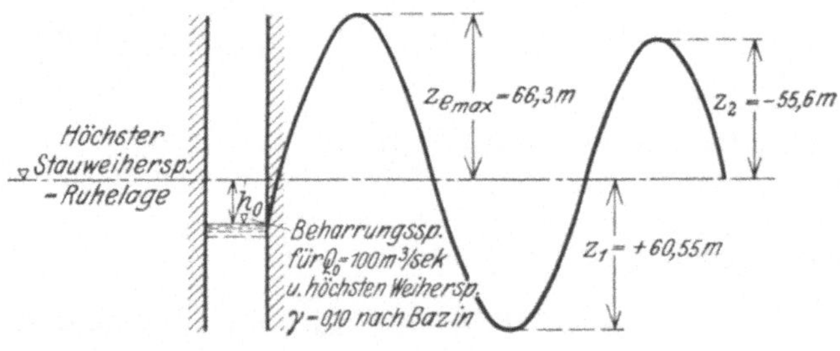

Abb. 28.

b) Bedingung: maximale Spiegelerhebung auf $z_{e\,\max} = 3{,}0$ m begrenzt.
Aus der Bestimmungsgleichung (3) S. 31.

$$(1 + \varrho \cdot z_{e\,\max}) - \ln(1 + \varrho \cdot z_{e\,\max}) = (1 + \varrho \cdot h_a)$$

ergibt sich für $z_{e\,\max} = -3{,}0$ m und für $h_a = h_0 = 5{,}32$ $(Q_a = Q_0!)$ durch Versuchsrechnung:

$$\varrho = 0{,}3075,$$

da andererseits

$$\varrho = 2 \cdot \chi \cdot \frac{g \cdot F}{L \cdot f},$$

erhält man den Schachtquerschnitt F zu

$$F = \frac{L \cdot f}{2 \cdot \chi \cdot g} \cdot \varrho$$

$$F = \frac{10\,000 \cdot 40}{2 \cdot 0{,}852 \cdot 9{,}81} \cdot 0{,}3075$$

$$F = 7360 \text{ m}^2.$$

Nach Vogt würde man erhalten: zunächst ε aus der Gleichung (6a) S. 33:

$$- x_{\max} = \sqrt{\varepsilon + \left(\frac{1+\varepsilon}{2+3\,\varepsilon}\right)^2} - \frac{1+2\,\varepsilon}{2+3 \cdot \varepsilon},$$

wobei

$$- x_{\max} = \frac{3{,}0}{5{,}32} = 0{,}564.$$

Der Wert $\varepsilon = 1{,}221$.

Ohne Berücksichtigung des Berichtigungsfaktors $\varkappa = 1{,}05$, welcher in Gleichung (3) auch nicht enthalten ist, ergibt sich aus

$$\varepsilon = \frac{L \cdot f \cdot v_0^2}{g \cdot F \cdot h_0^2}$$

$$F = \frac{10\,000 \cdot 40 \cdot 2{,}5^2}{9{,}81 \cdot 1{,}221 \cdot 5{,}32^2} = 7360 \text{ m}^2$$

wie oben.

Mit Berücksichtigung des Berichtigungsfaktors wird

$$F = 1{,}05 \cdot 7360 = 7740 \text{ m}^2$$

Tiefstlage z_1 nach Rückschwingung aus der Höchstlage $z_{e\,\max}$:

$$(1 - 0{,}3075 \cdot z_1) - \ln (1 - 0{,}3075 \cdot z_1) = (1 - 0{,}3075 \cdot z_{e\,\max})$$
$$- \ln (1 - 0{,}3075\, z_{e\,\max})$$

für $z_{e\,\max} = -3{,}0$ m ergibt die Versuchsrechnung $z_1 = +1{,}84$ m.

2. Kammerwasserschloß mit Überlauf.

Momentane totale Absperrung des Wasserverbrauchs von

$$n = 1 \quad \text{auf} \quad n = 0.$$

Gegeben: $Q_0 = 100$ m³/sec, $H = 500$ m, $L = 10\,000$ m,

$$v_{\max} = 2{,}5 \text{ m/sec}, \; f = 40 \text{ m}^2, \; d = 7{,}13 \text{ m}, \; c = 81,$$
$$h_0 = 5{,}32 \text{ m}, \; H_{\text{netto}} = 494{,}68 \text{ m}.$$

Bedingung: Höchste Erhebung $z_{e\,\max} = 6{,}50$ m über Ruhelage.

Konstruktive Anordnung: O. K. Überlaufschwelle $a = 4,50$ m über Ruhelage. Sohle der Kammer in Höhe des höchsten vorkommenden Weiherspiegels = Ruhelage.

Kammerhöhe = 6,50 m.

Wie im Falle (1a)

$$\varepsilon_{gr} = 181 \quad \text{und} \quad F_{gr} = 52,1 \text{ m}^2.$$

Gewählt

$$F = 52,1 + 15\% = 60,0 \text{ m}^2$$

damit

$$\varepsilon = \varepsilon_{gr} \cdot \frac{F_{gr}}{F} = 181 \cdot \frac{52,1}{60} = 157,5$$

$$x_{\max} = \frac{-6,50}{5,32} = -1,221$$

für Überlaufkrone $x_0 = \dfrac{-4,50}{5,32} = -0,847$.

Aus Gleichung (16) S. 37:

$$y_0 = \sqrt{x_0 + \frac{\varepsilon}{2} - \frac{\varepsilon}{2} \cdot e^{-\frac{2}{\varepsilon}(1-x_0)}}$$

wird für $x_0 = -0,847$ und $\varepsilon = 157,5$ die Wasserzufuhr $y_0 = 1,0$, was zu erwarten war, da innerhalb dieses Zeitabschnittes ($t = \sim 6$ sec) die Dämpfung noch nicht kräftig genug gewirkt hat, um die Wasserzufuhr vom See her merklich abzumindern.

Ermittlung der Überfallbreite:

Nach Gleichung (17) mit (20) erhält man durch Versuchsrechnungen (vgl. S. 37) $B = 18,07$ m.

Probe:

$$\mathfrak{a} = \frac{1,85 \cdot 18,07 \cdot 5,32^{\frac{3}{2}} \cdot 1,0^2}{100} = 4,10 . \tag{17}$$

$$\mathfrak{b} = \frac{157,5}{1,0^2} = 157,5 . \tag{18}$$

$$\mathfrak{z}_0 = +\frac{0,847}{1,0^2} = 0,847 . \tag{19}$$

$$\left.\begin{aligned} \mathfrak{a} \cdot \mathfrak{z}_{\max}^{1,5} &= 1 - \left(\frac{1 + 0,75 \cdot 0,847}{1 + 0,75 \cdot 0,847 + 0,47 \cdot 4,10 \cdot 157,5}\right) \cdot 0,75, \\ \mathfrak{a} \cdot \mathfrak{z}_{\max}^{1,5} &= 0,9380, \\ \mathfrak{z}_{\max} &= 0,229^{\frac{2}{3}} = 0,374, \end{aligned}\right\} \tag{20}$$

somit

$$|x_{\max}| = 0,847 + 0,374 \cdot 1,0^2 = 1,221$$

und nach Gleichung (21) S. 37:

$$|x_{\max}| = 4,50 + 0,374 \cdot 1,0^2 \cdot 5,32 = 6,50 \text{ m}.$$

Nunmehr ermittelt sich der Kammerinhalt V_K nach Gleichung (24) zu:

$$V_K = \left\{ \frac{1}{2} \ln \left[1 + \frac{1,00}{1,221 - 0,15 \cdot (1,221 - 0,847)} \right] - \frac{1,221 - 0,847}{157,5} \right\}$$
$$\cdot \frac{1,05 \cdot 10\,000 \cdot 40 \cdot 2,5^2}{9,81 \cdot 5,32} = 15\,455 \text{ m}^3 \,.$$

Somit obere Kammer:

Höhe $= 6,5$ m

Inhalt $= 15\,455$ m³

horiz. Querschnitt $= \dfrac{15\,455}{615} = 2378$ m² ,

Breite $= 6,15$ m

Länge $= \dfrac{2378}{6,15} = 386,6$ m .

Wird der obere Kammerstollen beiderseits des Schachtes angeordnet, so wird jeder Kammerteil $\dfrac{386,6}{2} = 193,3$ m .

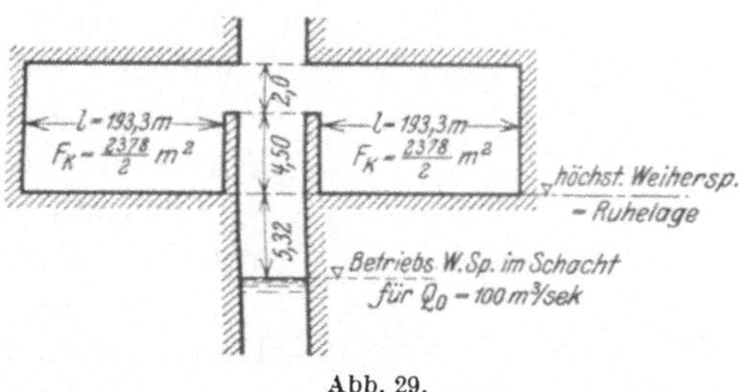

Abb. 29.

II. Spiegelschwankungen im Kammerwasserschloß mit Überlauf bei plötzlichem vollkommenem Absperren des Wasserverbrauchs.

Hilfsrechnungen für die numerischen Integrationen.

Fall a) Der Wasserspiegel im Schacht steigt über die Überfallkrone hinaus. Abfluß in die Kammer im Zeitintervall $\varDelta t$ zwischen den Überfallhöhen h_1 und h_2.

Es gelten nun folgende Beziehungen:

1. $\qquad \dfrac{\varphi h_1 + \varphi h_2}{2} \cdot \varDelta t = Q_{Sch} \cdot \varDelta t - F_{Sch} \cdot \varDelta z \,,$

2. $\qquad \varDelta z = h_2 - h_1 \,.$

2. in 1. unter Berücksichtigung, daß $\varphi h_2 = K \cdot h_2^{3/2}$

$$\frac{\varphi h_1 + K \cdot h_2^{3/2}}{2} \cdot \varDelta t = Q_{Sch} \cdot \varDelta t - F_{Sch}(h_2 - h_1)$$

$$h_2 + \frac{K \cdot \varDelta t}{2 \cdot F_{Sch}} \cdot h_2^{3/2} = \frac{\varDelta t}{F_{Sch}} \cdot Q_{Sch} + h_1 - \frac{\varDelta t}{2 \cdot F_{Sch}} \cdot \varphi h_1 \,.$$

Spiegelhebung in der Kammer:

$$\Delta s = \frac{\varphi\, h_1 + \varphi\, h_2}{2} \cdot \Delta t \cdot \frac{1}{F_K}$$

$Q_{Sch} \cdot h_1$ und $\varphi\, h_1\ (= K \cdot h_1^{3/2})$ sind der Rechnung für das vorangegangene Intervall zu entnehmen. $\Delta t =$ gewähltes Intervall in sec, die Werte K und F_{Sch} sind festwertig. h_2 ist leicht durch Versuchsrechnung zu bestimmen.

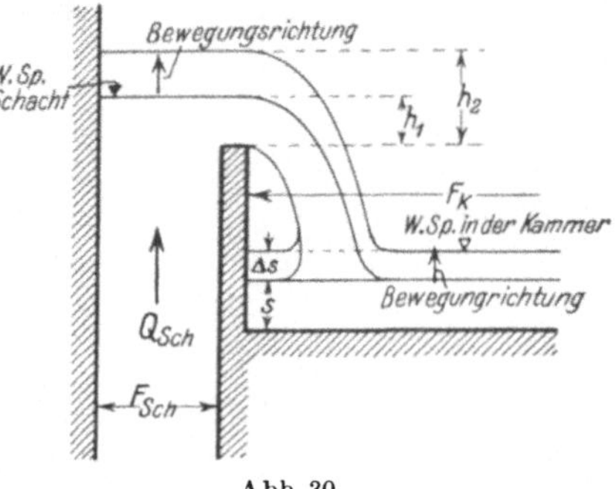

Abb. 30.

Für $Q_{Sch} \cdot \Delta t < \dfrac{\varphi\, h_1 + \varphi\, h_2}{2} \cdot \Delta t$

gilt Fall b.

Fall b) Das Wasser steigt zwar noch im Schacht nach oben, aber

$$Q_{Sch} \cdot \Delta t < \frac{\varphi\, h_1 + \varphi\, h_2}{2} \cdot \Delta t.$$

Solange der Kammerspiegel noch nicht bis zur Überfallkrone gestiegen ist, fließt daher mehr in die Kammer über, als im Schacht nach oben, es muß deshalb der Spiegel im Schacht fallen.

Grenzfall: Kammerspiegel auf Überfallkrone.

Steigt der Spiegel in der Kammer über die Überfallkrone, gilt Fall c.

Beziehungen:

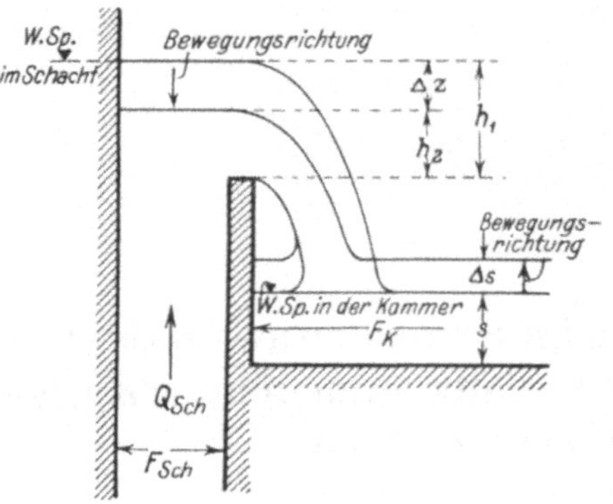

Abb. 31.

1. $\dfrac{\varphi\, h_1 + \varphi\, h_2}{2} \cdot \Delta t$

$= Q_{Sch} \cdot \Delta t + F_{Sch} \cdot \Delta z,$

2. $\Delta z = h_1 - h_2$

2. in 1. unter Berücksichtigung daß $\varphi\, h_2 = K \cdot h_2^{3/2}$

$$h_2 + \frac{K \cdot \Delta t}{2 \cdot F_{Sch}} \cdot h_2^{3/2} = \frac{\Delta t}{F_{Sch}} \cdot Q_{Sch} + h_1 - \frac{\Delta t}{2 \cdot F_{Sch}} \cdot \varphi\, h_1$$

(wie Fall a), daraus h_2

$$\Delta z = h_1 - h_2 \quad \text{und} \quad \Delta s = \frac{\varphi\, h_1 + \varphi\, h_2}{2} \cdot \Delta t \cdot \frac{1}{F_K}.$$

Fall c) Der Wasserspiegel ist in der Kammer über die Überlaufkrone emporgestiegen. Da vom Schacht her noch $Q_{Sch} \cdot \Delta t$ zufließt, reicht die Überfallhöhe nicht mehr aus zur Abführung der Wassermenge $Q_{Sch} \cdot \Delta t$ in die Kammer. Deshalb steigt der Spiegel im Schacht nochmals an, bis sich bei

$$Q_{Sch} \cdot \Delta t \sim 0$$

die beiden Wasserstände in Schacht und Kammer etwa ausgeglichen haben. Im weiteren Verlauf tritt dann Fall d) in Kraft.

Beziehungen:

1.
$$\frac{\varphi h_1 + \varphi h_2}{2} \cdot \Delta t = Q_{Sch} \cdot \Delta t - F_{Sch} \cdot \Delta z \,.$$

2.
$$\frac{\varphi h_1 + \varphi h_2}{2} \cdot \Delta t = x \cdot F_K \,.$$

3.
$$\Delta z = h_2 + x - h_1 \,.$$

2. und 3. in 1.

$$\frac{\varphi h_1 + \varphi h_2}{2} \cdot \Delta t = Q_{Sch} \cdot \Delta t - F_{Sch} \cdot h_2 - \frac{F_{Sch}}{F_K} \cdot \frac{\Delta t}{2} \cdot (\varphi h_1 + \varphi h_2) + F_{Sch} \cdot h_1 \,,$$

$$h_2 + h_2^{3/2} \cdot \frac{K \cdot \Delta t}{2} \cdot \left(\frac{1}{F_{Sch}} + \frac{1}{F_K} \right) = Q_{Sch} \cdot \frac{\Delta t}{F_{Sch}} + h_1 - \varphi h_1 \cdot \frac{\Delta t}{2} \cdot \left(\frac{1}{F_{Sch}} + \frac{1}{F_K} \right) \,,$$

daraus $\qquad\qquad h_2$ und $\varphi h_2 = K \cdot h_2^{3/2} \,,$

dann

$$x = \frac{\varphi h_1 + \varphi h_2}{2} \cdot \frac{\Delta t}{F_K}$$

und damit Δz.

Fall d) Wasserbewegung im Schacht nach unten gerichtet, Wasserspiegel fällt im Schacht rascher als in der Kammer. Absinken des

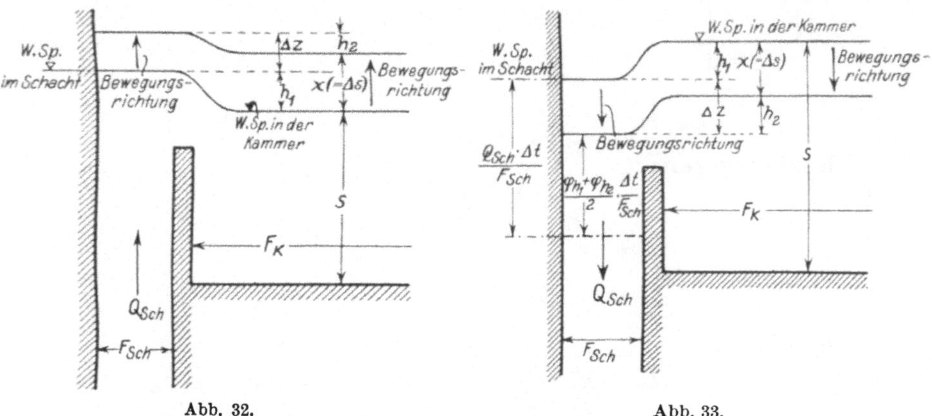

Abb. 32. Abb. 33.

Schachtspiegels verzögert durch Überlaufwasser von der Kammer her. Fall d) gültig, bis Schachtspiegel beginnt, unter Überlaufkrone zu sinken, dann Fall e).

Beziehungen:

1.
$$\Delta z = h_2 + x - h_1 \,,$$

2.
$$\frac{Q_{Sch} \cdot \Delta t}{F_{Sch}} - \frac{\varphi h_1 + \varphi h_2}{2} \cdot \frac{\Delta t}{F_{Sch}} = \Delta z \,.$$

3.
$$x = \frac{\varphi h_1 + \varphi h_2}{2} \cdot \frac{\Delta t}{F_K} \,.$$

1. und 3. in 2.

$$\frac{\varDelta t \cdot Q_{Sch}}{F_{Sch}} - \frac{\varDelta t}{2\,F_{Sch}} \cdot \varphi h_1 - \frac{\varDelta t}{2\,F_{Sch}} \cdot \varphi h_2 = h_2 - h_1 + \frac{\varDelta t}{2\,F_K} \cdot \varphi h_1 + \frac{\varDelta t}{2\,F_K} \cdot \varphi h_2 ,$$

$$h_2 + h_2^{3/2} \cdot \frac{K\,\varDelta t}{2}\left(\frac{1}{F_{Sch}} + \frac{1}{F_K}\right) = Q_{Sch} \cdot \frac{\varDelta t}{F_{Sch}} + h_1 - \varphi h_1 \cdot \frac{\varDelta t}{2}\left(\frac{1}{F_{Sch}} + \frac{1}{F_K}\right)$$

daraus h_2 und $\varphi h_2 = K \cdot h_2^{3/2}$, dann x aus 3 und $\varDelta z$ aus 2.

Fall e) Schachtwasserspiegel bewegt sich unterhalb der Überlaufkrone nach abwärts. Rückfluß aus der Kammer in den Schacht im Zeitintervall $\varDelta t$ zwischen den Überfallhöhen h_1 und h_2. Dadurch Verzögerung des Absinkens des Schachtwasserspiegels.

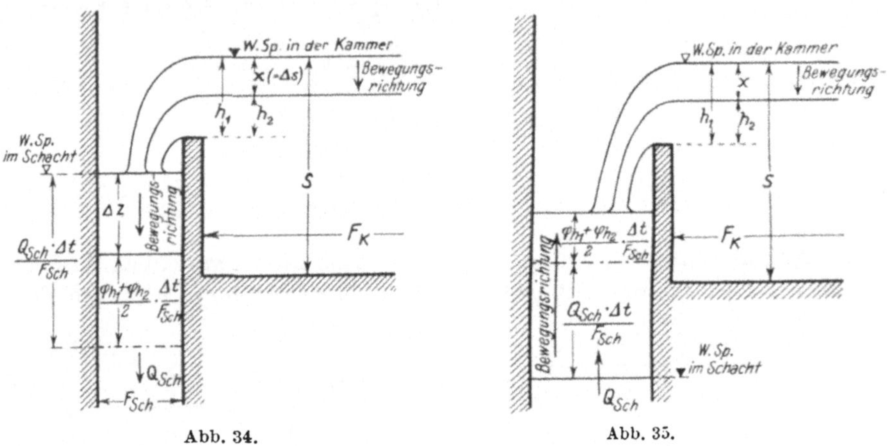

Abb. 34.   Abb. 35.

Beziehungen:

1. $$h_1 - h_2 = x ,$$

2. $$Q_{Sch} \cdot \frac{\varDelta t}{F_{Sch}} - \frac{\varphi h_1 + \varphi h_2}{2} \cdot \frac{\varDelta t}{F_{Sch}} = \varDelta z ,$$

3. $$x = \frac{\varphi h_1 + \varphi h_2}{2} \cdot \frac{\varDelta t}{F_K}$$

3. in 1.

$$h_2 + h_2^{3/2} \cdot \frac{\varDelta t \cdot K}{2\,F_K} = h_1 - \varphi\,h_1 \cdot \frac{\varDelta t}{2\,F_K} ,$$

daraus h_2 und mit $K \cdot h_2^{3/2} = \varphi h_2$ aus 2. $\varDelta z$.

Fall f) Der Schachtwasserspiegel steigt wieder nach oben, liegt aber noch unter der Überlaufkrone. Das von der Kammer in den Schacht fließende Wasser beschleunigt das Steigen des Schachtwasserspiegels.

Beziehungen:

1. $$h_1 - h_2 = x ,$$

2. $$Q_{Sch} \cdot \frac{\varDelta t}{F_{Sch}} + \frac{\varphi h_1 + \varphi h_2}{2} \cdot \frac{\varDelta t}{F_{Sch}} = \varDelta z ,$$

3. $$x = \frac{\varphi h_1 + \varphi h_2}{2} \cdot \frac{\varDelta t}{F_K} .$$

3. in 1. gibt wie im Fall e)

$$h_2 + h_2^{3/2} \cdot \frac{\Delta t \cdot K}{2 \cdot F_K} = h_1 - \varphi\, h_1 \cdot \frac{\Delta t}{2\,F_K},$$

daraus h_2 und mit $K \cdot h_2^{3/2} = \varphi\, h_2$ aus 2. Δz.

Schwingt der Schachtwasserspiegel über die Überfallkrone hinaus, dann gilt wieder der Fall c).

Fall g) Sollte bei der 2. Schwingung das maximale z den entsprechenden Wert der 1. Schwingung überschreiten, so wird angenommen, daß oberhalb des z_{max} der 1. Schwingung der Schacht normal weitersteigt. Demgemäß wird dann auch die Rechnung weitergeführt, bis die Bewegung sich umkehrt. Bis zum Augenblick der vollkommenen Füllung der Kammer läßt sich mit nachstehenden Beziehungen rechnen:

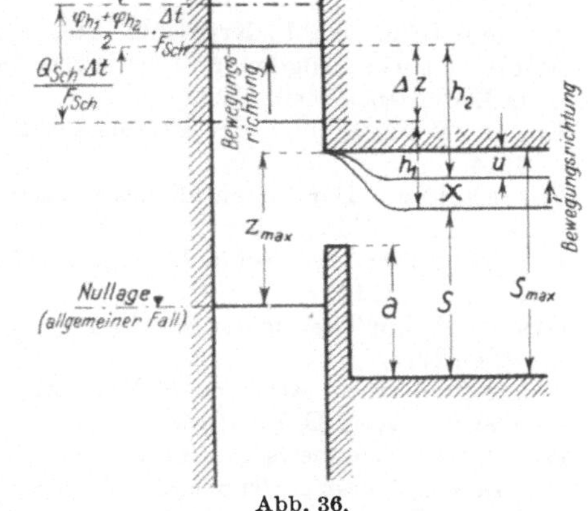

Abb. 36.

1. $\quad u = s_{max} - s - x,$

2. $x \sim \dfrac{\varphi\, h_1}{2} \cdot \dfrac{\Delta t}{F_K}$ (angenähert),

3. $\quad\Delta z = \dfrac{Q_{Sch} \cdot \Delta t}{F_{Sch}} - \dfrac{\varphi\, h_1 + \varphi\, h_2}{2} \cdot \dfrac{\Delta t}{F_{Sch}},$

4. $\quad\Delta z = h_2 + x - h_1,$

5. $\quad\varphi\, h_2 = K\left[h_2^{3/2} - \{h_2 - u\}^{3/2}\right],$

daraus

$$h_2 + \frac{K \cdot \Delta t}{2 \cdot F_{Sch}} \cdot \left[h_2^{3/2} - \left\{ h_2 - \left(s_{max} - s - \frac{\varphi\, h_1}{2} \cdot \frac{\Delta t}{F_K}\right)\right\}^{3/2}\right]$$

$$= \frac{Q_{Sch} \cdot \Delta t}{F_{Sch}} - h_1 - \varphi\, h_1 \cdot \frac{\Delta t}{2}\left(\frac{1}{F_{Sch}} + \frac{1}{F_K}\right).$$

Ist die Kammer voll, wird die Rechnung für den Schacht allein normal weitergeführt.

Literaturverzeichnis.

Aksnes: Tekn. Ukebl., Kristiania 1914.

Alliéviu. Dubs: Allgemeine Theorie über die veränderliche Bewegung des Wassers in Leitungen. Berlin 1909.

Budau: Versuche über Druckverluste in Eisenbetonrohrleitungen. Z. öst. Ing.-V. 1914.

Forchheimer: Der Durchfluß des Wassers durch Röhren und Gräben, insbesondere durch Werkgräben großer Abmessungen. Berlin 1923.

Forchheimer: Hydraulik. Leipzig und Berlin 1914.

— Z. V. d. I. 1912.

Grammel: Zur Theorie der Schwingungen im Wasserschloß. Z. f. d. ges. Turbinenwesen 1913.

Johnson: Proc. of Am. Soc. of Mech. Eng. 1908.

— Trans. of A. S. C. E. 1915.

Mühlhofer: Zeichnerische Bestimmung der Spiegelbewegungen in Wasserschlössern von Wasserkraftanlagen mit unter Druck durchflossenem Zulaufgerinne. Berlin: Julius Springer 1924.

Prázil: Wasserschloßprobleme. Schweiz. Bauzg. 1908.

Pressel: Schweiz. Bauzg. 1909.

Rümelin: Wie bewegt sich fließendes Wasser? Dresden 1913.

Schoklitsch: Über die Bemessung von Wasserschlössern. Wasserkraftjahrbuch 1925/26.

Thoma: Zur Theorie des Wasserschlosses bei selbsttätig geregelten Turbinenanlagen. Berlin 1909.

Vogt: Berechnung und Konstruktion des Wasserschlosses. Stuttgart 1923.

Wahlmann: Tekn. Tidskr. V. o. V. Stockholm 1910 und 1915.

Außerdem: „Führer durch die schweizerische Wasserwirtschaft" II. Ausgabe 1926. Band 1 und 2. Zürich.

Vergleich der Schwingungen bei zwei äquivalenten Schachtwasserschlössern von verschiedenem Schachtquerschnitt und einem äquivalenten Kammerwasserschloß.

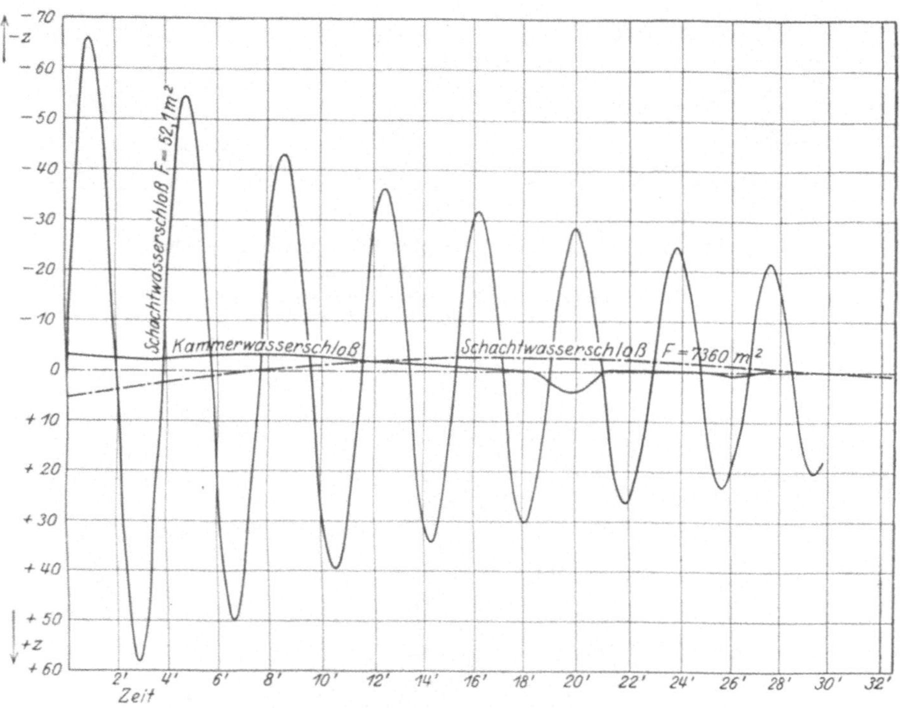

Abb. 1. Schwingungen bei plötzlichem Abschluß von
100 m³/sec auf 0 m³/sec.

a) im Schachtwasserschloß mit Querschnitt $F_{Sch} = 52,1$ m²
b) im Schachtwasserschloß mit Querschnitt $F_{Sch} = 7360$ m²
c) im Kammerwasserschloß mit Überlauf: Schachtquerschnitt $F_{Sch} = 52,1$ m²
Kammerquerschnitt $F_K = 4329$ m²
Festwerte: $H = 500$ m; Stollen: $L = 10000$ m; $v_{max} = 2,5$ m/sec; $f = 40$ m²;
$c = 81$ ($\gamma = 0,10$ nach Bazin); $h_0 = 5,32$ m; $H_{netto} = 494,68$ m.

Tafel II.

Kammerwasserschloß mit Überlauf.

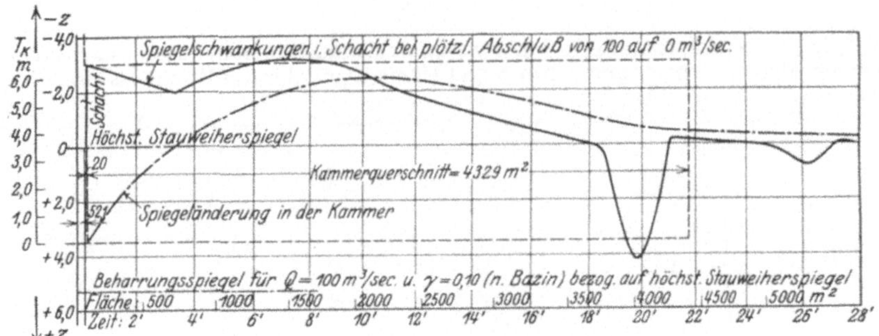

Abb. 2. **Schwingungen bei plötzlichem Abschluß von 100 m³/sec auf 0 m³/sec.**

Überlaufkrone in Höhe des höchsten Stauweiherspiegels.

F_{Sch} = 52,1 m²; übrige Größen wie Abb. 1.

Kammerwasserschloß mit Überlauf.

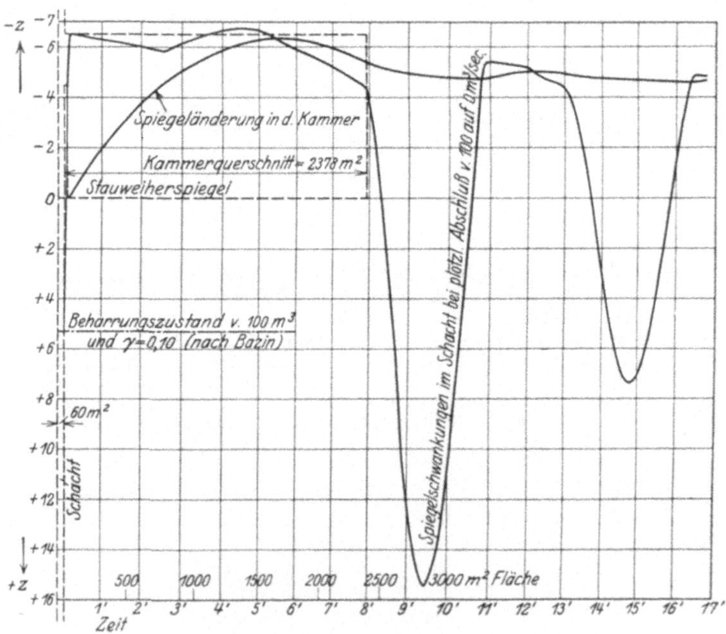

Abb. 3. **Schwingungen bei plötzlichem Abschluß von 100 m³/sec auf 0 m³/sec.**

Kammerboden in Höhe des höchsten Stauweiherspiegels.

F_{Sch} = 60 m²; übrige Größen wie Abb. 1.

Überlaufkrone — 4,50.

Vergleich der Schwingungen bei zwei äquivalenten Schachtwasserschlössern von verschiedenem Schachtquerschnitt und einem äquivalenten Kammerwasserschloß.

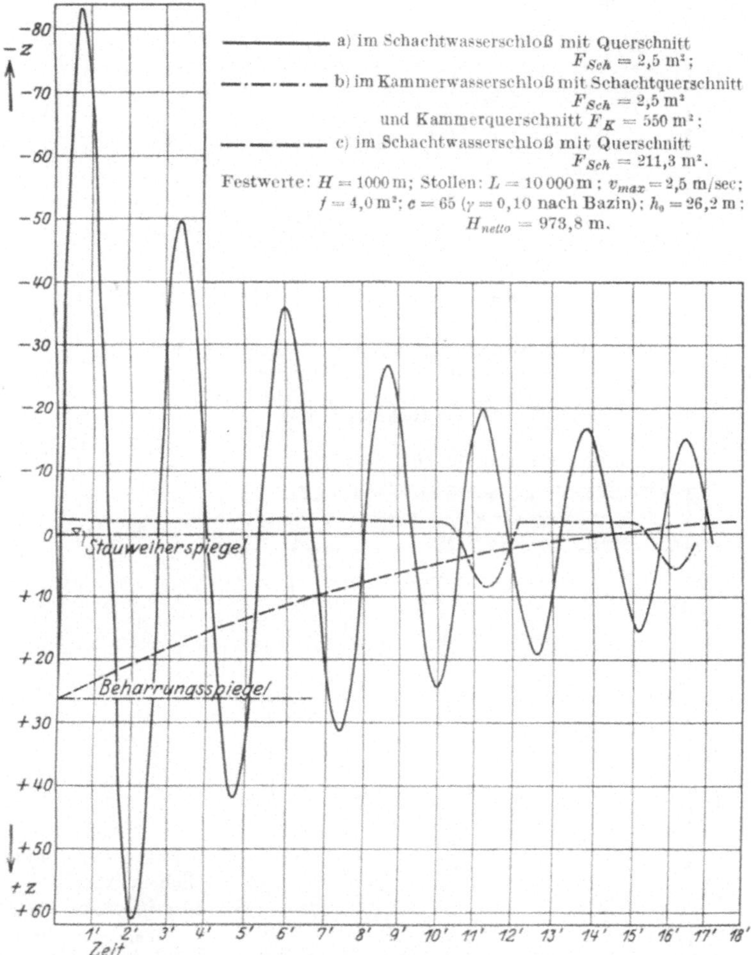

Abb. 4. Schwingungen bei plötzlichem Abschluß von
10 m³/sec auf 0 m³/sec.

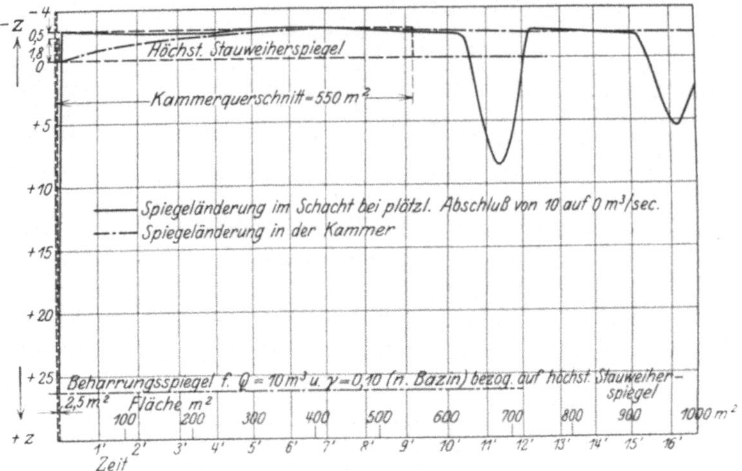

Abb. 5. Schwingungen bei plötzlichem Abschluß von
10 m³/sec auf 0 m³/sec.

F_{Sch} = 2,5 m²; übrige Größen siehe Abb. 4.
Überlaufkrone — 1,80.

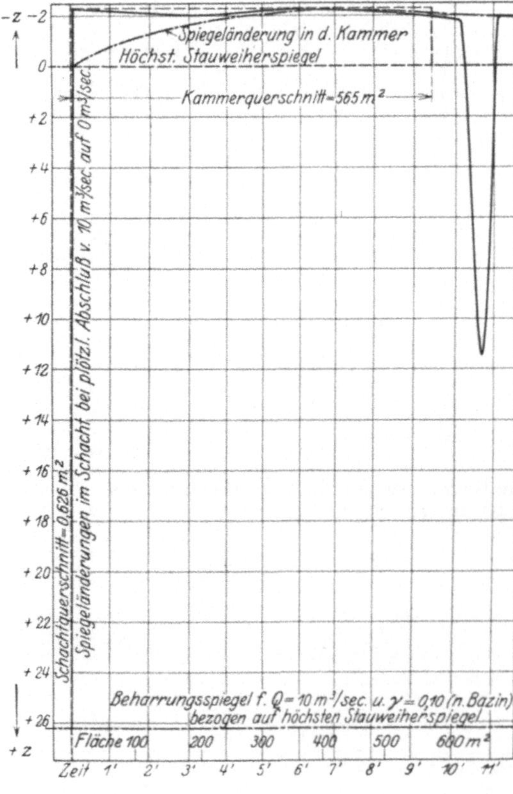

Abb. 6.
Schwingungen bei plötz-
lichem Abschluß von
10 m³/sec auf 0 m³/sec.

F_{Sch} = 0,626 m²;
übrige Größen siehe Abb. 4.
Überlaufkrone — 1,80.

Kammerwasserschloß mit Überlauf.

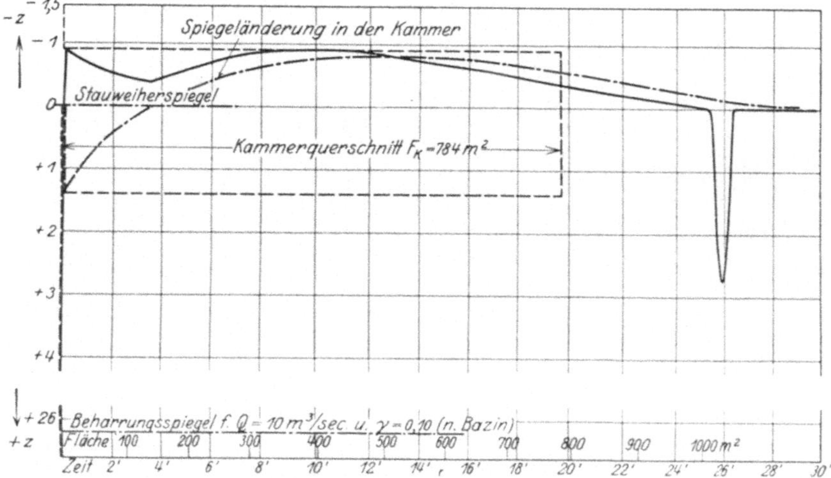

Abb. 7. Schwingungen bei plötzlichem Abschluß von
10 m³/sec auf 0 m³/sec.

$F_{Sch} = 0{,}544$ m²; übrige Größen siehe Abb. 4.
Überlaufkrone $\pm\,0{,}0$.

Schachtwasserschloß.

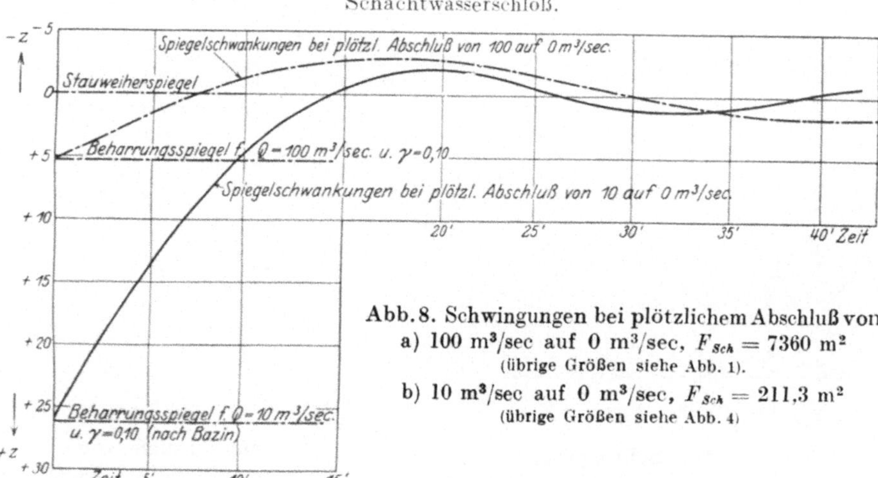

Abb. 8. Schwingungen bei plötzlichem Abschluß von

a) 100 m³/sec auf 0 m³/sec, $F_{Sch} = 7360$ m²
(übrige Größen siehe Abb. 1).

b) 10 m³/sec auf 0 m³/sec, $F_{Sch} = 211{,}3$ m²
(übrige Größen siehe Abb. 4)

Schachtwasserschloß.

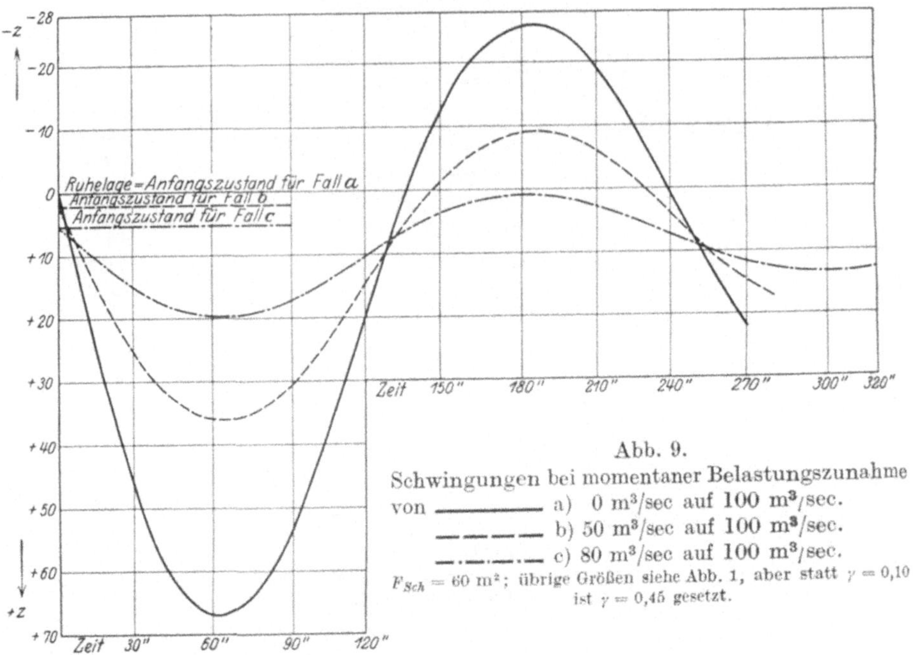

Abb. 9.

Schwingungen bei momentaner Belastungszunahme
von ———— a) 0 m³/sec auf 100 m³/sec.
———— b) 50 m³/sec auf 100 m³/sec.
—·—·—· c) 80 m³/sec auf 100 m³/sec.

F_{Sch} = 60 m²; übrige Größen siehe Abb. 1, aber statt γ = 0,10 ist γ = 0,45 gesetzt.

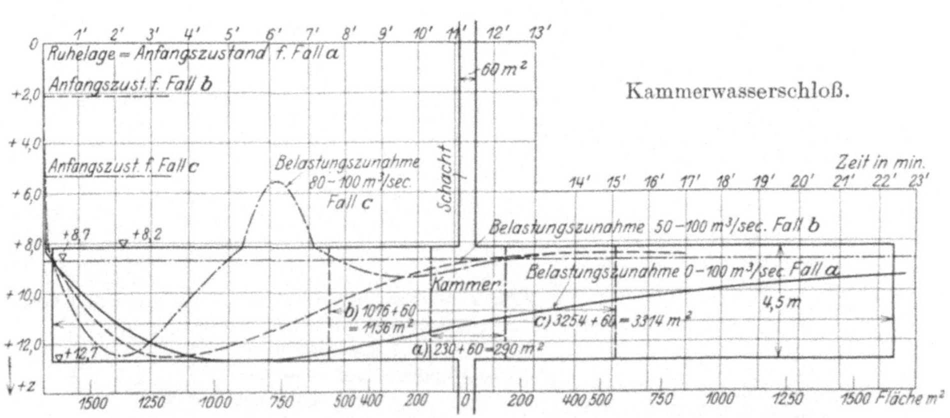

Abb. 10. Schwingungen bei momentaner Belastungszunahme von
———— a) 0 m³/sec auf 100 m³/sec; Kammerquerschnitt F_K = 3254 m²;
———— b) 50 m³/sec auf 100 m³/sec; Kammerquerschnitt F_K = 1076 m²;
—·—·—· c) 80 m³/sec auf 100 m³/sec; Kammerquerschnitt F_K = 230,7 m²;
Schachtquerschnitt F_{Sch} = 60 m²; übrige Größen siehe Abb. 9.

Schachtwasserschloß.

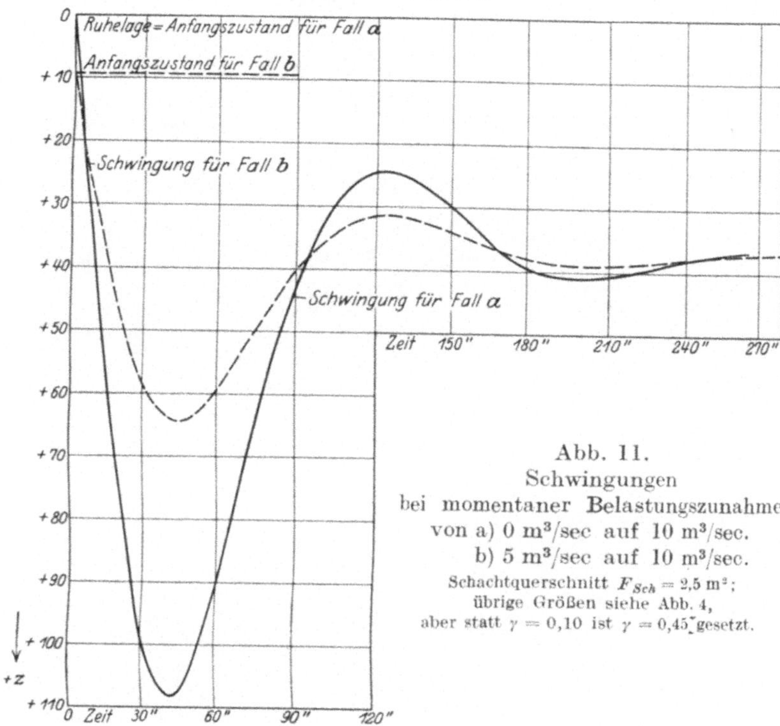

Abb. 11.
Schwingungen
bei momentaner Belastungszunahme
von a) 0 m³/sec auf 10 m³/sec.
b) 5 m³/sec auf 10 m³/sec.
Schachtquerschnitt $F_{Sch} = 2{,}5$ m²;
übrige Größen siehe Abb. 4,
aber statt $\gamma = 0{,}10$ ist $\gamma = 0{,}45$ gesetzt.

Kammerwasserschloß.

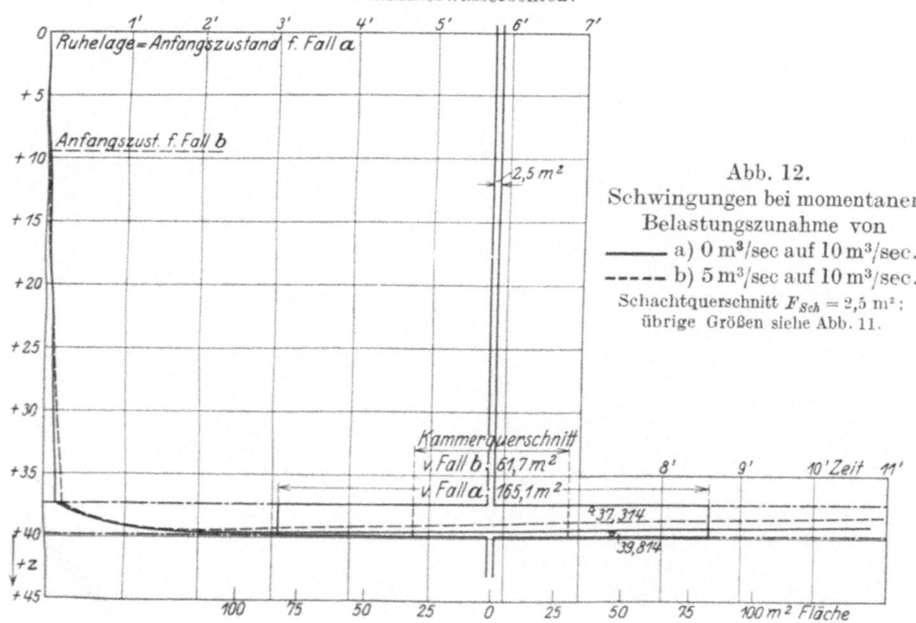

Abb. 12.
Schwingungen bei momentaner
Belastungszunahme von
——— a) 0 m³/sec auf 10 m³/sec.
----- b) 5 m³/sec auf 10 m³/sec.
Schachtquerschnitt $F_{Sch} = 2{,}5$ m²;
übrige Größen siehe Abb. 11.

Zeichnerische Bestimmung der Spiegelbewegungen in Wasserschlössern von Wasserkraftanlagen mit unter Druck durchflossenem Zulaufgerinne. Von Ingenieur Dr. techn. Ludwig Mühlhofer, Innsbruck-Wien. Mit 11 Textabbildungen. V, 75 Seiten. 1924. RM 3.90

Der Durchfluß des Wassers durch Röhren und Gräben, insbesondere durch Werkgräben großer Abmessungen. Von Hofrat Prof. Dr. Philipp Forchheimer, Wien. Mit 20 Textabbildungen. IV, 50 Seiten. 1923. RM 2.—

Druckschwankungen in Druckrohrleitungen. Von Dr. techn. Ing. R. Löwy, Oberingenieur der Leobersdorfer Maschinenfabriks-Aktien-Gesellschaft, Leobersdorf bei Wien. Mit 45 Abbildungen im Text und 7 Tafeln. V, 162 Seiten. 1928. RM 15.—

Druckrohrleitungen. Berechnungs- und Konstruktionsgrundlagen der Rohrleitungen für Wasserkraft- und Wasserversorgungsanlagen. Von Dr.-Ing. Felix Bundschu. Zweite, neubearbeitete Auflage. Mit 15 Abbildungen. IV, 62 Seiten. 1929. RM 6.—

Beiträge zur Kenntnis des Schleusenbetriebs unter besonderer Berücksichtigung der Verhältnisse am Rhein-Herne-Kanal. Von Dr.-Ing. Georg Mahr, Regierungsbaumeister. Mit 9 Textabbildungen. 66 Seiten. 1925. RM 3.60

Von der Bewegung des Wassers und den dabei auftretenden Kräften. Grundlagen zu einer praktischen Hydrodynamik für Bauingenieure. Nach Arbeiten von Staatsrat Dr.-Ing. e. h. Alexander Koch, s. Zt. Professor an der Technischen Hochschule Darmstadt, herausgegeben von Dr.-Ing. e. h. Max Carstanjen. Nebst einer Auswahl von Versuchen Kochs im Wasserbau-Laboratorium der Darmstädter Technischen Hochschule zusammengestellt unter Mitwirkung von Studienrat Dipl.-Ing. L. Hainz. Mit 331 Abbildungen im Text und auf 2 Tafeln sowie einem Bildnis. XII, 228 Seiten. 1926. Gebunden RM 28.50

Die Wasserbewegung im Dammkörper. Erforschung der inneren Vorgänge im Wege von Versuchen. Von Ingenieur Ignaz Schmied, Hofrat i. R. Mit 150 Abbildungen im Text. VIII, 200 Seiten. 1928. RM 22.—

Energie-Umwandlungen in Flüssigkeiten. Von Prof. Dónát Bánki, Budapest. In zwei Bänden. Erster Band: Einleitung in die Konstruktionslehre der Wasserkraftmaschinen, Kompressoren, Dampfturbinen und Aeroplane. Mit 591 Textabbildungen und 9 Tafeln. VIII, 512 Seiten. 1921. Gebunden RM 20.—

Hydraulik in ihren Anwendungen. Ein Leitfaden für Unterricht und Praxis von Prof. Dr.-Ing. Anton Staus. („Maschinenuntersuchungen", Band I.) Zweite, neubearbeitete Auflage. Mit 131 Textabbildungen und 29 Zahlentafeln. X, 196 Seiten. 1926. RM 9.—; gebunden RM 10.50

Angewandte Hydraulik. Von Dr.-Ing. Felix Bundschu. Mit 55 Abbildungen im Text. IV, 76 Seiten. 1929. RM 6.90

Lehrbuch der Hydraulik für Ingenieure und Physiker. Zum Gebrauche bei Vorlesungen und zum Selbststudium. Von Prof. Dr.-Ing. Theodor Pöschl, Prag. Mit 148 Abbildungen. VI, 192 Seiten. 1924. RM 8.40; gebunden RM 9.90

Technische Hydrodynamik. Von Prof. Dr. Franz Prášil, Zürich. Zweite, umgearbeitete und vermehrte Auflage. Mit 109 Abbildungen im Text. IX, 303 Seiten. 1926. Gebunden RM 24.—

Die Staumauern. Theorie und wirtschaftlichste Bemessung mit besonderer Berücksichtigung der Eisenbetontalsperren und Beschreibung ausgeführter Bauwerke von Dr.-Ing. N. Kelen. Mit 307 Textabbildungen und Bemessungstafeln. VIII, 294 Seiten. 1926. Gebunden RM 39.—

Die Theorie der Gewichtsstaumauern unter Rücksicht auf die neueren Ergebnisse der Festigkeitslehre. Von Dr.-Ing. K. Kammüller, Privatdozent an der Technischen Hochschule in Karlsruhe. Mit 25 Textabbildungen. VII, 60 Seiten. 1924. RM 5.40

Kanal- und Schleusenbau. Von Friedrich Engelhard, Regierungs- und Baurat an der Regierung zu Oppeln. („Handbibliothek für Bauingenieure", III. Teil: Wasserbau, 4. Band.) Mit 303 Textabbildungen und einer farbigen Übersichtskarte. VIII, 262 Seiten. 1921. Gebunden RM 8.50

Der Verkehrswasserbau. Ein Wasserbau-Handbuch für Studium und Praxis. Von Otto Franzius, o. Professor an der Technischen Hochschule zu Hannover. Mit 1022 Abbildungen im Text und auf einer Tafel. XII, 839 Seiten. 1927. Gebunden RM 78.—